W0078220

Sabrina Reichel

LEINENRAMBO

Kynos Verlag

© 2014 KYNOS VERLAG Dr. Dieter Fleig GmbH
Konrad-Zuse-Straße 3 • D-54552 Nerdlen/Daun
Telefon: +49 (0) 6592 957389-0
Telefax: +49 (0) 6592 957389-20
www.kynos-verlag.de

Umschlagsgestaltung:
Kynos Verlag Dr. Fleig GmbH unter Verwendung eines Fotos von www.fotolia.de
Grafiken: Nicole Hilgers KYNOS VERLAG Dr. Dieter Fleig GmbH
Fotos:
Sabrina Reichel
Stephan Eckert
Meike Böhm

Gedruckt in Lettland

4. Auflage 2023

ISBN 978-3-95464-027-0

 Mit dem Kauf dieses Buches unterstützen Sie die
Kynos Stiftung Hunde helfen Menschen
www.kynos-stiftung.de

Das Werk einschließlich aller seiner Teile ist urheberrechtlich geschützt.
Jede Verwertung außerhalb der engen Grenzen des Urheberrechtsgesetzes ist ohne
schriftliche Zustimmung des Verlages unzulässig und strafbar. Das gilt insbesondere für
Vervielfältigungen, Übersetzungen, Mikroverfilmungen und die Einspeicherung und Ver-
arbeitung in elektronischen Systemen.

Haftungsausschluss
Die Benutzung dieses Buches und die Umsetzung der darin enthaltenen Informationen erfolgt ausdrücklich auf eigenes Risiko. Der Verlag und auch der Autor können für etwaige Unfälle und Schäden jeder Art, die sich bei der Umset-
zung von im Buch beschriebenen Vorgehensweisen ergeben, aus keinem Rechtsgrund eine Haftung übernehmen.
Rechts- und Schadenersatzansprüche sind ausgeschlossen. Das Werk inklusive aller Inhalte wurde unter größter Sorg-
falt erarbeitet. Dennoch können Druckfehler und Falschinformationen nicht vollständig ausgeschlossen werden. Der
Verlag und auch der Autor übernehmen keine Haftung für die Aktualität, Richtigkeit und Vollständigkeit der Inhalte des
Buches, ebenso nicht für Druckfehler. Es kann keine juristische Verantwortung sowie Haftung in irgendeiner Form für
fehlerhafte Angaben und daraus entstandenen Folgen vom Verlag bzw. Autor übernommen werden. Für die Inhalte
von den in diesem Buch abgedruckten Internetseiten sind ausschließlich die Betreiber der jeweiligen Internetseiten
verantwortlich.

INHALTSVERZEICHNIS

EINLEITUNG

Stellen Sie sich vor, Sie gehen mit einem Freund die Straße entlang und Ihnen kommt ein fremder Mensch entgegen. Der Weg ist eng und Sie haben kaum Möglichkeiten zum Ausweichen. Der fremde Mensch läuft mit schnellen Schritten mitten auf dem Weg auf Sie zu, links und rechts kein Platz, und blickt Sie mit starren Augen an. Sie fühlen sich unwohl und möchten dieser Situation entfliehen, doch Ihr Freund lässt Sie nicht und hält Ihre Hand fest. Weggehen ist also nicht möglich!

Der Fremde kommt immer näher und ist schließlich direkt bei Ihnen, er rempelt Sie an und Sie kommentieren dieses Verhalten mit einem aufgeregten und ängstlichen „Hey!".

Nach diesem Erlebnis haben Sie verknüpft: Enger Weg + fremder, auf Sie zu laufender Mensch = schlecht.

Noch dazu kommt die Erkenntnis, dass Ihr Freund Sie, unabhängig von Ihren Versuchen, durch die Situation gezwungen hat. Das gibt Ihnen kein gutes Gefühl, oder?

Aus der Sicht eines Hundes würde diese Situation genauso ablaufen, nur dass das „Hey" sich in Bellen und Knurren äußern würde. Unsere Hunde lassen sich im Zweifelsfall immer von ihren Gefühlen und Emotionen leiten, so wie sie reagieren, ist es für sie richtig. Sie suchen einen Ausweg aus einer für sie bedrohlichen/konfliktreichen Situation.

Möchten wir unseren Hunden zeigen, wie sie sich bei Begegnungen mit Menschen oder Hunden an der Leine verhalten sollen, haben wir nur wenige Möglichkeiten: Entweder wir üben Druck auf unseren Hund aus, gehen weder auf seine Bedürfnisse noch auf seine Empfindungen ein, oder wir zeigen unserem Hund Lösungen auf, wie er aus für ihn bedrohlichen Situation heil herauskommt – mit Fairness und Verständnis, angepasst an die Lerngeschwindigkeit von Mensch und Hund.

Meine Hündin war leinenaggressiv. Für sie und mich war es ein langer Weg, bis wir endlich wieder normal spazieren gehen konnten und nicht mehr Reißaus vor jedem anderen Hund nahmen.

Ich weiß aus eigener Erfahrung, wie sich der Mensch fühlt, wenn sein Hund an der Leine lostobt und nichts mehr zu ihm durchdringt. Man versucht, nur noch zu Zeiten spazieren zu gehen, zu denen man vermutlich keine Menschen- bzw. Hundeseele mehr auf der Straße trifft.

Doch so soll und muss es nicht sein...

Ich möchte Ihnen mit diesem Buch eine Möglichkeit aufzeigen, wie Sie Ihrem Hund beibringen können, ruhig und entspannt angeleint an anderen Hunden vorbeizugehen - und das alles ohne Druck, sondern mit viel Spaß für beide Seiten.

In diesem Buch geht es um das Training zur Überwindung der Leinenaggression gegenüber Hunden oder auch Menschen durch positive Verstärkung.

Das Buch ist so aufgebaut, dass Sie sich das nötige Hintergrundwissen über Hundeverhalten aneignen sowie nützliche Trainingswerkzeuge kennenlernen werden.

Viel Spaß beim Lesen dieses Buches und beim Trainieren mit Ihrem Hund!

Ihre Sabrina Reichel

AGGRESSION
- was ist das?

Befinden sich Hunde in einer Konfliktsituation, reagieren sie mit dem Verhalten, das für sie den meisten Erfolg bringt. Welche Verhaltensstrategie folgt, ist abhängig von der Vorerfahrung, dem Charakter des Hundes, dem Gegenüber und dem allgemeinen emotionalen und gesundheitlichen Zustand.

Jedoch haben Hunde immer nur vier Möglichkeiten, auf einen Konflikt zu reagieren:

wehren muss oder eine Ressource verteidigen möchte. Was eine Bedrohung und auch eine Ressource ist, entscheidet der jeweilige Hund immer selbst und ist von vielen Faktoren abhängig.

Von außen ist Aggressionsverhalten an dem optisch veränderten Verhalten des Hundes erkennbar:

- Hoch getragene, steife Rute
- Hölzerner Gang
- Fixieren
- Drohbellen
- Zähne zeigen
- Knurren
- Schnappen
- Beißen

Die 4 F´s: Freeze, Flight, Fight, Fiddle about

Aggressionsverhalten gehört zum Verhaltensrepertoire jedes Lebewesens. Es ist genetisch fest verankert und sichert das Überleben des Individuums.

Aggressives Verhalten hat immer eine Ursache und wird gezeigt, wenn sich ein Hund gegen eine Bedrohung

Aber nicht nur äußerlich verändert sich etwas beim Hund, Aggressionsverhalten geht immer mit einer Veränderung im Inneren einher: Zeigt ein Hund Aggressionsverhalten, sind damit immer Gefühle wie Wut, Frustration oder Angst verbunden.

Wut, weil der Hund etwas nicht haben kann oder ständig genervt wird.

Frustration, weil der Hund seine Impulse nicht kontrollieren kann.

Angst um seine eigene Sicherheit oder um eine Ressource.

Aggressionsverhalten liegen also immer Emotionen und Gefühle zugrunde, die alle eines gemeinsam haben: sie sind negativ besetzt.

Zeigt ein Hund mit und ohne Leine aggressives Verhalten gegenüber anderen Hunden und/oder Menschen, spricht man nicht von Leinenaggression. Hier sollte grundlegend an einer Verfeinerung des Sozialverhaltens trainiert werden.

Bitte beachten!

Aggression ist hündisches Normalverhalten und gehört zum normalen Verhaltensprogramm. Es ist Kommunikation, durch die dem Gegenüber mitgeteilt wird, dass mehr Distanz benötigt wird oder eigene Interessen durchgesetzt werden.

Leinenaggression– was ist das?

Von Leinenaggression spricht man, wenn sich ein angeleinter Hund einem anderen Hund gegenüber aggressiv gebärdet, im Freilauf jedoch normales kommunikatives Sozialverhalten zeigt.

In den meisten Fällen ist die Leinenaggression gegen Artgenossen gerichtet. Sie kann sich auch gegen Menschen richten, dieses Verhalten tritt jedoch weitaus seltener auf.

Im Überblick: Aggressionsverhalten

- *Aggressives Verhalten ist eine normale Strategie, um auf einen Konflikt zu reagieren.*
- *Aggressionsverhalten gehört zum normalen Verhaltensrepertoire des Hundes.*
- *Ursachen von Aggression können Angst, Wut und Frustration sein.*

Wie entsteht
AGGRESSION?

Leinenaggression kommt nicht aus heiterem Himmel. Meistens entsteht Aggressionsverhalten an der Leine schleichend und wird nach und nach immer intensiver gezeigt.

Ursachen für Leinenaggression können sein ...

...Fehlverknüpfungen

Stellen Sie sich folgende Situation vor:

Sie gehen mit Ihrem angeleinten Hund spazieren und begegnen einem anderen Spaziergänger mit Hund. Ihr Hund möchte zu diesem hin, doch Sie möchten einfach weitergehen, mit einem an lockerer Leine laufenden Hund. Sie möchten Ihrem Hund sagen, dass das Ziehen nicht erwünscht ist und rucken einmal heftig am Halsband.

Was ist im Hundehirn passiert:

Ihr Hund hat einen Artgenossen entdeckt und möchte mit diesem Kontakt aufnehmen. Er sieht den anderen Hund an und genau in diesem Moment erfährt er Schmerz durch den Leinenruck.

Passiert dies öfter, verknüpft er:

Wenn ich an der Leine bin und ein fremder Hund auftaucht, dann ist dieser Hund eine Ankündigung für etwas Unangenehmes.

Der Hund hat den fremden Hund an der Leine durch klassische Konditionierung negativ verknüpft. Die Folge davon ist oft Aggression an der Leine, der Hund möchte den Auslöser für das Unangenehme von sich fern halten.

... Frustration

Es gibt immer wieder Situationen, in denen man mit seinem angeleinten Hund anderen Hunden begegnet. Nicht immer ist es möglich, dass sich die Hunde begrüßen können, sei es aus erzieherischen (Üben der Leinenführigkeit), gesundheitlichen (Zwingerhusten, etc.) oder alltäglichen Dingen (Zeitmangel des Besitzers, Begegnung an der Straße).

Hat Ihr angeleinter Hund aber immer wieder das Bedürfnis, Kontakt zu anderen Hunden aufzunehmen, darf es aber nicht, entsteht sehr schnell Frust. Dieser Frust wird immer größer und irgendwann beginnt der Hund, diesem Frust freien Lauf zu lassen: Er beginnt zu fiepen und zu bellen und springt in die Leine, sobald ein anderer Hund den Weg kreuzt.

Aber nicht nur durch die Begegnungen im Alltag kann Frust entstehen, sondern auch durch falsch geführte Hundespielgruppen. In klassisch geführten Hundespielgruppen werden die Hunde sich selbst überlassen und dürfen ungehindert miteinander toben und spielen.

Sie lernen dabei die Verknüpfung Hund = Spiel.

Begegnet man nun außerhalb dieser Spielstunden mit seinem angeleinten Hund einem anderen Hund und er darf in diesem Moment nicht Kontakt aufnehmen, ist es für diesen unverständlich und das Resultat ist Frust.

... Individualdistanz

Jedes Lebewesen hat eine bestimmte Individualdistanz, die es benötigt, um sich sicher und wohl zu fühlen.

Einem angeleinten Hund ist es aufgrund der Leine und/oder engen Wegen nicht immer möglich, seine Individualdistanz zu sichern, deshalb wird diese oft von anderen Hunden oder auch Menschen unterschritten.

Ein angeleinter Hund muss meist frontal auf den anderen Hund zugehen, ein Ausweichen ist nicht möglich. Unter Hunden ist das keine freundliche Annäherung und das Resultat kann aggressives Verhalten gegenüber dem Artgenossen sein.

... Negative Erlebnisse

Ein negatives Erlebnis reicht aus, um ein Verhalten nachhaltig zu verändern.

Stellen Sie sich Folgendes vor:

Sie gehen mit Ihrem Hund an der Leine spazieren und plötzlich kommt wie aus dem Nichts ein fremder Hund aus dem Wald gerannt und greift Ihren Hund an. Ihr Hund konnte nicht fliehen, weil ihn die Leine gehindert hat, ebenso war es schwer für ihn, sich zu wehren. Solch ein Erlebnis prägt sich tief ein.

Bei jedem neuen Treffen mit einem fremden Hund, kann es nun sein, dass dieses Erlebnis wieder in den Vorder-

Caspar ist frustriert – er wird durch die Leine gehindert, einen anderen Hund zu begrüßen.

grund tritt. Ihr Hund würde nun am liebsten Meideverhalten zeigen, doch durch die Leine wird ihm das verwehrt. Die einzige für den Hund logische Reaktion: Angriff ist die beste Verteidigung.

Was ist im Hundehirn passiert:

Ihr Hund war angeleint und wurde von einem anderen Hund angegriffen. Wehren und Fliehen war aufgrund der Leine nicht möglich.

Der Hund hat verknüpft:

Wenn ich an der Leine bin und ein fremder Hund auftaucht, dann passiert mir etwas Schlimmes.

... Stimmungsübertragung

Kennen Sie das?

Sie entdecken in einiger Entfernung einen fremden Hund und nehmen sofort die Leine kurz. Sie möchten für Ihren Hund souverän wirken und sagen ihm, er soll schön brav sein. Sie möchten sich gegenüber anderen Menschen keine Blöße erlauben und einen ungezogenen Hund an der Leine haben.

Doch Hunde sind wahre Beobachtungskünstler und lassen sich nicht so schnell von uns täuschen.

Ihr Hund nimmt die veränderte Körperhaltung sowie die meistens stockende Atmung wahr, auch Ihr Geruch verändert sich minimal, sobald Sie nervös werden.

Das Verhalten des Menschen signalisiert dem Hund:

„Alarm – hier passiert gleich etwas". Manche Hunde werden ängstlich, manche zeigen Abwehrverhalten.

Doch nicht nur der eigene Mensch kann Stimmung übertragen, auch im Zusammensein mit einem weiteren Hund, der an der Leine auf andere Hunde aggressiv reagiert, kann sich die Stimmung übertragen. So kann sich ein an der Leine friedlich verhaltender Hund plötzlich durch Zutun seines Hundekumpels an der Leine aggressiv gebärden.

Wie Sie sehen, gibt es eine Menge Ursachen, die hinter dem Verhalten Leinenaggression stehen können. Trifft eine Ursache auf Ihren Hund direkt zu? Oder sind mehrere Ursachen zusammen der Ursprung des Verhaltens?

Im Überblick:
Ursachen von Leinenaggression
- *Fehlverknüpfungen*
- *Frustration*
- *Negative Erlebnisse*
- *Unterschreitung der Individualdistanz*
- *Stimmungsübertragung*

Überfall an der Leine – Hilde rennt auf Barni zu, der nicht ausweichen kann.

GRUNDLAGEN

Bevor mit dem Training begonnen werden kann, ist es wichtig, einige Grundlagen über Hundetraining und -verhalten zu verinnerlichen, damit das Training effektiv gestaltet werden kann.

Lernen findet immer statt

Im Zusammenleben mit unserem Hund ist es nicht möglich, eine genaue Trainingszeit zu definieren. Das Gehirn unserer Hunde ist ständig auf Empfang gestellt und lernt jede Sekunde am Tag, egal, ob wir mit ihnen bewusst trainieren oder eben nicht.

Ein Hund kann nicht nicht lernen. Hunde lernen immer, bei allen umgesetzten Tipps, Versuchen und bei allen Augenblicken, die unbewacht sind.

Hunde haben nicht wie wir Menschen ein Verständnis oder ein Gewissen von „Das war richtig" oder „Das war falsch", sondern sie zeigen Verhalten, weil es sie zum Erfolg bringt oder eben nicht.

Zeigt ein Hund ein Verhalten, entsteht das nicht aus dem Nichts heraus, es gibt immer ein „vor dem Verhalten" und ein „nach dem Verhalten":

Möchten wir unserem Hund beibringen, sein Verhalten zu verändern, haben wir lediglich diese beiden Möglichkeiten: entweder wir verändern die Ursache oder die Konsequenz des Verhaltens.

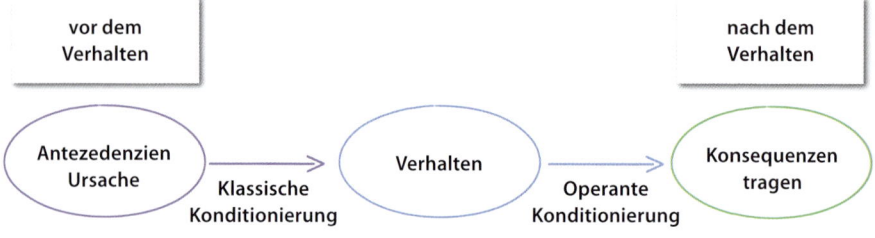

Klassische Konditionierung und Verhalten

Iwan P. Pawlow hat durch einen Zufall die klassische Konditionierung entdeckt. Er bemerkte, dass beim Hund der Anblick von Futter bereits Speichelfluss auslöst.

Wird der Reiz, Futter, mit einem anderen Reiz verknüpft, z. B. ein Glockenläuten, löst nach einiger Zeit allein das Glockenläuten den Speichelfluss aus.

Allgemein bedeutet das, dass ein bisher verhaltensneutraler Reiz mit einer bestimmten Bedeutung verknüpft wird. Nach der Verknüpfung reicht dieser Reiz dann alleine aus, um die Erwartungshaltung an die Verknüpfung auszulösen.

Klassische Konditionierung ist nicht immer beeinflussbar und der Hund kann sich dieser nicht bewusst entziehen. Wir können nie wissen, wann ein Hund einen Reiz mit einem anderen verknüpft, denn klassische Konditionierung kann immer und zu jeder Zeit stattfinden.

Glocke
neutral

Keine Reaktion

Wurst
unkonditionierter Reiz

Speichelfluss
unkonditionierte Reaktion

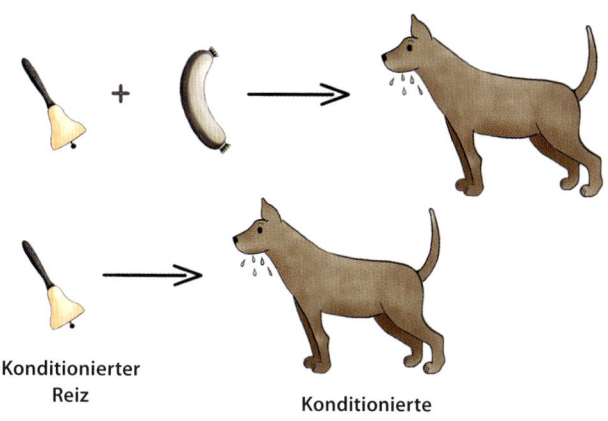

Konditionierter Reiz

Konditionierte Reaktion

Das beste Beispiel für eine klassische Konditionierung ist die Türklingel.

Zu Beginn war das Läuten der Türklingel ein neutraler Reiz. Doch immer wenn die Türklingel ertönte, kam Besuch und es wurde an der Wohnungstür aufregend. Nach einigen Wiederholungen hat der Hund gelernt, dass die Türklingel gleich Spaß an der Tür ist. Das Bellen kommt dann im Laufe der Zeit durch die Aufregung hinzu.

> *Klassische Konditionierung gibt der Ursache eine Bedeutung. Sie sagt dem Hund nun zukünftig etwas für ihn Gutes oder Schlechtes voraus.*

Im Bezug zu unserem Thema bedeutet das:

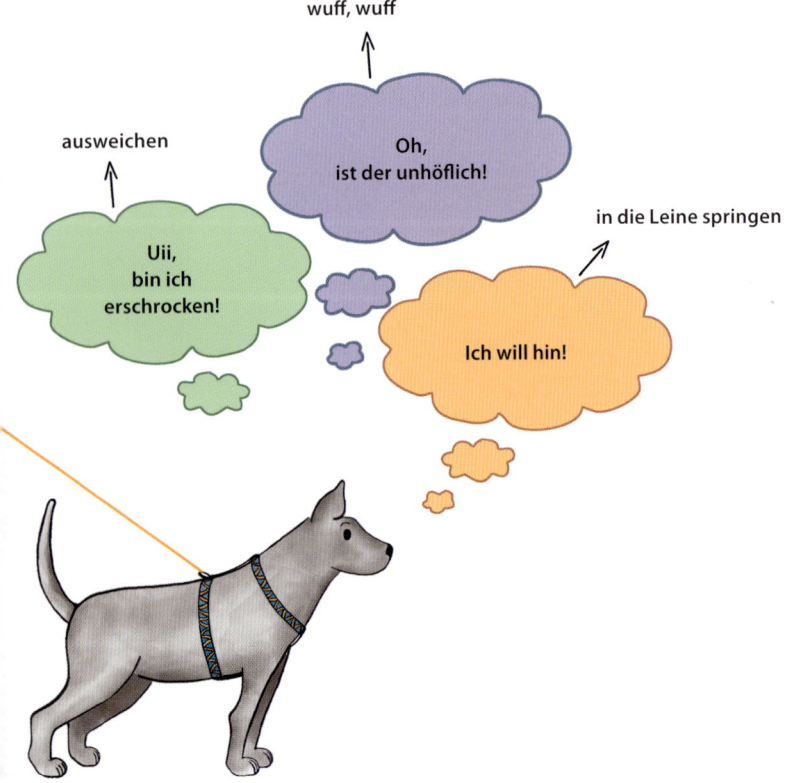

Ursache = plötzlich auftauchender Hund
– mein Hund nimmt dies wahr.

Reaktion = Bellen, Fliehen, Winseln etc.

Die operante Konditionierung und Verhalten

Die operante Konditionierung unterscheidet sich von der klassischen Konditionierung in der Form, dass der Hund aktiv am Lernprozess beteiligt ist, er „operiert", sprich er handelt. Verhaltensweisen des Hundes führen entweder zum Erfolg oder nicht, sie werden also belohnt oder bestraft. Der Hund lernt, durch sein Verhalten die Konsequenzen so zu steuern, dass es für ihn angenehm ist.

Merken Sie sich: Verhalten wird durch seine Konsequenzen bestimmt.

Möchten Sie Verhalten verändern, müssen die bisherigen Konsequenzen so verändert werden, dass diese für den Hund nicht mehr lohnenswert sind.

Diese Konsequenzen können entweder belohnend oder bestrafend auf den Hund wirken:

Belohnungen

Um einen Hund zu belohnen, habe ich zwei Möglichkeiten:

Bei der ersten Variante gebe ich dem Hund etwas Gutes für ein gezeigtes Verhalten. Wir befriedigen ein Bedürfnis des Hundes zum Beispiel mit Futter, Spielzeug, Streicheleinheiten – all das sind Dinge, die ein erwünschtes Verhalten verstärken können.

Diese Art der Belohnung wird auch positive Verstärkung (positiv: man fügt etwas hinzu, +) genannt und mit positiven Gefühlen verknüpft. Außerdem schafft sie Vertrauen zu dem Menschen und auch zu der Situation.

Bei der zweiten Belohnungsvariante, in der Fachsprache negative Verstärkung (negativ: man nimmt etwas weg, –) genannt, nehmen wir etwas für den Hund Unangenehmes weg,. Das kann zum Beispiel Druck auf den Po sein, den wir vorher gezielt mit der Hand aufgebaut haben. Wir verschaffen ihm dadurch Erleichterung, indem wir mit dem Druck aufhören. Diese Belohnungsart ist sehr gut in unausweichlichen Situationen zu verwenden. (Hund muss z.B. über einen glatten Boden, vor dem er Angst hat).

Zu beachten hierbei ist jedoch, dass durch die negative Verstärkung Angst- und auch Aggressionsverhalten verschlimmert werden kann.

Bestrafungen

Wo es Belohnungen gibt, gibt es auch Strafen. Das Leben besteht nicht nur aus Sonnenschein, es ist unumgänglich, dass einmal etwas nicht so Schönes passiert. Jedoch ist es ein Unterschied, welche Strafe angewandt wird, denn Strafe ist nicht gleichzusetzen mit dem Zufügen von Schmerzen oder Gewalt.

Füge ich einem Hund etwas Unangenehmes zu, beispielsweise Schläge, Leinenrucke, Wasserstrahl mit der Wasserspritzpistole, Schreien oder körperliches Bedrohen, arbeite ich über positive Bestrafung (positiv: etwas wird hinzugefügt, +). Der Hund wird geängstigt und sein Sicherheitsbedürfnis angesprochen.

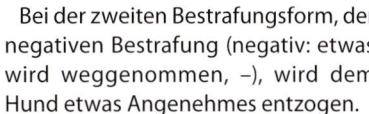

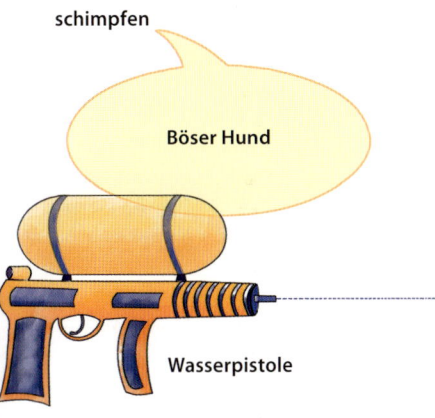

Diese Art der Bestrafung hat einen sehr üblen Beigeschmack, denn mit dieser Bestrafungsform gehen negative Gefühle wie Angst und Misstrauen einher.

Bei der zweiten Bestrafungsform, der negativen Bestrafung (negativ: etwas wird weggenommen, –), wird dem Hund etwas Angenehmes entzogen.

Viele Hunde springen zur Begrüßung einen Menschen an. Springen ist aber meist nicht erwünscht. Um die negative Bestrafung wirken zu lassen, wird der Hund nun durch Entzug des Sozialkontaktes bestraft, es wird sich also abgewandt.

Wird einem Lebewesen etwas weggenommen, das ihm gut tut oder das es gerne haben möchte, entsteht Frust. Aus Frust kann wiederum Aggression entstehen, deshalb sollte diese Variante auch gut überlegt eingesetzt werden.

Hand entzieht Futter

Operante Konditionierung gibt einem Verhalten eine Funktion. Der Hund hat gelernt, wie er mit seinem Verhalten seine Umwelt beeinflussen kann.

Belohnungen sind individuell

Belohnung ist so vielfältig wie die Verhaltensweisen von Hunden. Jeder dieser gezeigten Verhaltensweisen liegt eine bestimmte Motivation zu Grunde, die sich jederzeit verändern kann.

So zum Beispiel treffen sich beim Spaziergehen zwei Hunde und möchten zueinander hin. Sie haben die Motivation, Kontakt mit dem anderen Hund aufzunehmen. Beide Hunde nähern sich höflich an und begrüßen sich.

Sie beginnen zu spielen. Da das Wetter sehr warm ist, verändert sich nach einiger Zeit die Motivation: die Hunde haben Durst und möchten etwas trinken. Sie werden sich also auf die Suche nach Wasser machen.

Die Motivation, ein bestimmtes Bedürfnis zu befriedigen, lässt also Verhalten entstehen. Daraus ist zu folgern, dass man das Bedürfnis des Hundes befriedigen muss, um ein Verhalten effektiv verstärken zu können.

Leckerlis werfen ist eine tolle Belohnung. Barni ist m Spaß dabei. Er kann sich dabei gut auf sein Frauche konzentrieren.

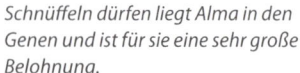

Schnüffeln dürfen liegt Alma in den Genen und ist für sie eine sehr große Belohnung.

Caruso genießt eine schmierige Leckerei aus der Futtertube.

Erwünschtes Verhalten kann also nicht nur mit Futter verstärkt werden, sondern mit viel mehr:

- Hetzen von Bällen
- Buddeln
- Mit anderen Menschen oder Hunden Kontakt aufnehmen
- Zerrspiele
- Leckerlis
- Leckerlis am Boden suchen
- Futterbeutel suchen
- Futtertube
- Kraulen
- Stimmlob
- Distanz zum Auslöser schaffen
- Etwas beobachten

Überlegen Sie sich, welche Motivation dem Verhalten Ihres Hundes zu Grunde liegt und entscheiden dann, welche Belohnung für Ihren Hund sinnvoll ist. Trifft die gewählte Belohnung genau die Motivation des Hundes, spricht man von einem funktionalen Verstärker.

Verhält sich Ihr Hund an der Leine aggressiv, stellen Sie sich die Frage:
Was möchte mein Hund mit diesem Verhalten erreichen?
Möchte er zu dem anderen Hund hin oder möchte er mehr Abstand haben?

Je nach Motivation des Hundes muss demnach eine andere Belohnung gewählt werden. Futter kann hier das emotionale i-Tüpfelchen sein.

Ob Sie die richtige Belohnung gewählt haben, können Sie feststellen, wenn das erwünschte Verhalten

- unverändert bestehen bleibt,
- häufiger auftritt,

- stärker auftritt,
- schneller gezeigt wird oder
- länger andauert

Damit ein Hund die Belohnung, also die Konsequenz, mit dem zuvor gezeigten Verhalten verknüpfen kann, muss die Belohnung relativ schnell gegeben werden. Der Spielraum, den wir hier haben, ist auf 0,5 – 2 Sekunden begrenzt. Ist unser Hund direkt neben uns, ist das meistens sehr leicht, doch befindet er sich in größerer Entfernung, dann ist schon das erste Problem in Sicht. Hierfür helfen uns Markersignale, die im Kapitel „Die Basics" erläutert werden.

Das Thema Strafe

Um Leinenaggression zu überwinden, werden viele Ratschläge gegeben. Die meisten Tipps oder Trainingsanleitungen hierzu basieren auf Strafreizen wie

- den Hund körperlich einschränken oder wegdrängen,
- dem Hund einen Leinenruck geben,
- den Hund anrempeln und schubsen,
- den Hund zwicken,
- den Hund mit der Wasserspritzpistole anspritzen,
- den Hund ausschimpfen (verbale Drohungen).

Das alles sind Einwirkungen auf den Hund, die ihn ängstigen, erschrecken und ihm sogar Schmerzen zufügen. Mit Hilfe dieser Empfehlungen werden

Sie Ihrem Hund nicht beibringen können, dass andere Hunde an der Leine etwas Positives sind.

Damit Ihnen die Vorstellung etwas leichter fällt, eine kleine Geschichte:

Susi ekelt sich vor Spinnen. Wer schon einmal ein Ekelgefühl hatte, weiß, wie schlecht sich das in der Magengegend anfühlt. Man möchte weg, dem Auslösereiz entfliehen. Solange Susi frei entscheiden kann, würde sie weggehen.

Jetzt verändern wir die Situation und Susi wird gezwungen, in der Nähe dieses Tieres auszuharren. Und dabei kommt die Spinne immer näher auf sie zu. Jedes Mal, wenn Susi die Spinne ansieht, bekommt sie zusätzlich zu ihren negativen Gefühlen noch einen Schlag auf den Hinterkopf.

Wird Susi in Zukunft sich in Gegenwart der Spinne wohler fühlen durch diese Aktion? Oder wird sie die Spinne als noch negativer empfinden und Ihnen, die Sie ihr in dieser Situation Schmerzen zugefügt haben, mehr vertrauen?

Eher nicht.

Warum ist das nicht gut?

Strafreize führen beim Hund meistens zu einer Erstverbesserung. Doch dieses Abnehmen des Verhaltens ist trügerisch! Das unerwünschte Verhalten wird nur kurzzeitig unterdrückt, weil der Hund sich vorübergehend hemmen lässt.

Aber: Die Ursache des Problems, die emotionale Grundlage des Hundes, wird nicht verändert, sondern eher noch verschlechtert.

Noch dazu kommt, dass beim korrekten Bestrafen bestimmte Regeln eingehalten werden müssen, die gar nicht sicher erfüllt werden können.

Die Strafe muss unmittelbar nach dem unerwünschten Verhalten erfolgen. Wie Sie wissen, verknüpfen Hunde Verhalten nur binnen ein paar Sekunden. Würde die Strafe zehn Sekunden später eintreffen, kann der Hund die Strafe nicht mit dem von uns gedachten Verhalten in Verbindung bringen und die Strafe wäre sinnlos gewesen.

Die Strafe muss immer kommen, sobald der Hund das unerwünschte Verhalten zeigt. Doch ist man zu jeder Zeit zur Stelle? Was, wenn der Hund zehn Meter weit entfernt ist oder der Hund beim Hundesitter ist?

Die Strafe muss in der für den individuellen Hund richtigen Intensität angewandt werden.

Was für den einen eine Strafe ist, ist für den anderen Hund nichts. Strafe und Belohnung sind ein individuelles Empfinden, das nicht sicher vorhergesagt werden kann

Der Hund muss außerdem eine Verhaltensalternative kennengelernt haben, damit er eine Wahl hat, sich erwünscht zu verhalten.

Und zu guter Letzt: Alle Regeln müssen immer und zu jeder Zeit eingehalten werden. Es ist fraglich, ob das wirklich immer machbar ist.

Doch die Einhaltung der Regeln ist nicht alles, über was man bei der Arbeit über positive Bestrafung nachdenken sollte. Strafe kann immer Nebenwirkungen mit sich bringen und diese sind nicht golden.

Mit Bestrafungen gehen negative Gefühle einher wie Angst, denn das Sicherheitsbedürfnis eines Lebewesens wird angesprochen. Dieses negative Gefühl kann sich nun durch klassische Konditionierung auf die gesamte Situation auswirken und der Hund verknüpft den anderen Hund mit etwas Negativem. Also genau das Gegenteil von dem, das wir erreichen möchten. Mit diesem negativen Gefühl im Bauch wird Ihr Hund immer wie ein brodelnder Vulkan sein, der jeder Zeit Feuer spucken kann. Man weiß nur nicht, wann ...

Ihr Hund merkt sich, dass er in bestimmten Situationen von seinem Menschen etwas Negatives zu befürchten hat und es kann dann leicht passieren, dass er Ihnen gegenüber Meideverhalten zeigt.

Hunde sind sehr kommunikative Lebewesen und sprechen sehr subtil miteinander. Wird jedoch diese Kommunikation wie z.B. Knurren bestraft, könnte es sein, dass Ihr Hund jegliche Frühwarnsignale einzustellen beginnt. Das bedeutet, dass Erstarren, Knurren, Zähne zeigen nicht mehr oder nur noch sehr kurz gezeigt werden und Ihr Hund sofort richtig loslegt.

Ein weiterer Kritikpunkt zum Thema Strafe ist, dass Sie sich in einer Gewaltspirale befinden. Bestrafen wir, wirkt

das auf uns selbstbelohnend. Wir werden unseren eigenen Frust los und das unerwünschte Verhalten verschwindet kurzzeitig. Deshalb wird immer mehr und intensiver gestraft, weil es ja anscheinend Erfolg bringt.

Beim Training über Strafreize wird nicht auf die Motivation des Hundes eingegangen und die emotionale Grundlage wird völlig außer Acht gelassen. Doch um ein Verhalten nachhaltig zu verändern, darf nicht nur das Symptom behandelt werden, sondern es muss an der Ursache gearbeitet werden.

MERKE!
Mit Strafen kann Verhalten nur abgebaut, jedoch kein gutes Verhalten aufgebaut werden.

Im Überblick: Lernverhalten
Verhalten ist immer eingebettet in ein „Vor-dem-Verhalten" und ein „Nach-dem-Verhalten".

Klassische Konditionierung verknüpft zwei oder mehrere Reize miteinander.
Klassische Konditionierung kann immer passieren und ist nicht beeinflussbar.
Klassische Konditionierung gibt Signalen oder Reizen eine Bedeutung.
Operante Konditionierung ist Lernen an Konsequenzen.
Konsequenzen können Belohnungen oder Bestrafungen sein.

Belohnungen sind nicht nur Leckerli, sondern auch Spiel, Stimmlob, Streicheleinheiten, Rennen oder Buddeln, Distanz zum Auslöser schaffen.
Bestrafungen empfindet jeder Hund anders.
Bestrafungen sind schwer korrekt anzuwenden und können viele Nebenwirkungen haben.

Körpersprache

Hunde sprechen mit ihrem Körper. Durch kleine und subtile Zeichen geben sie eine Vielzahl an Informationen preis.

Damit wir angemessen auf die Körpersprache unseres Hundes reagieren und effektiv daran arbeiten können, müssen wir das Ausdrucksverhalten unserer Hunde genau lesen lernen.

Um einen ersten Eindruck zu bekommen, welche Absicht unser Hund mit seiner Körpersprache verfolgt, ist es sinnvoll, den Körper des Hundes wie ein Quadrat anzusehen.

Quadrat der Körpersprache: Zeigen mehrere Körperpartien nach vorne, kündigt das wahrscheinlich eine Distanzverringerung an. Zeigen mehrere Körperpartien nach hinten kann das eine Distanzvergrößerung bedeuten.

Je mehr Körperteile des Hundes nach vorne oder nach oben ausgerichtet sind, desto größer ist die Wahrscheinlichkeit, dass der Hund die Distanz zum Auslöser verringern wird. Anders herum gilt das Gleiche. Zeigt die große Anzahl der Körperteile des Hundes nach hinten oder unten, wird er eher zurückweichen.

Mit Hilfe dieser Geometrie lässt sich zumindest schon ein erster Eindruck bekommen. Doch um effektiv an einem Problemverhalten des Hundes arbeiten zu können, müssen wir auch lernen, die kleinen, subtilen Signale richtig zu deuten. Bevor Hunde aggressiv reagieren, zeigen sie eine sehr große Anzahl an Verhaltensweisen, die der eigentlichen Attacke vorausgehen.

Die einzelnen Vokabeln der Hundesprache

Die Trainingszone
Befinden wir uns im Training mit unserem Hund, sollte darauf geachtet werden, dass dieser die Eskalationsleiter nur innerhalb des grünen Bereichs erklimmt. Beginnt er Anzeichen des gelben Bereichs zu zeigen, ist es spätestens jetzt an der Zeit, wieder etwas Distanz zum Auslöser zu schaffen.

Leiter der Eskalation

beißen
knurren
Zähne zeigen

starre
Körperhaltung
schnappen
fixieren
fliehen
einfrieren

Kopf senken
Kopf abwenden
langsame und
staksige
Bewegungen

Körper abwenden
sich hinlegen
sich hinsetzen
Vorderkörpertief-
stellung
sich kratzen

blinzeln
Blick abwenden
gähnen
schmatzen

entspannte und
weiche
Körperhaltung

Stress

Stress ist ein körperlicher Zustand, der zur Anpassung eines Lebewesens an die Umwelt führt. Doch nicht jeder Stress ist gut und sinnvoll.

Ist ein Hund gestresst, zeigt er viele verschiedene Signale:

Hecheln

Züngeln

Speicheln

Gähnen

Stress wird beim Hund durch verschiedene Faktoren ausgelöst:

• Situationen, die das Sicherheitsbedürfnis des Hundes ansprechen
• Bestrafungen in Konfliktsituationen
• Bestrafungen bei Angst- und Aggressionsverhalten
• zu hohe Erwartungen vom Menschen
• aversive Trainingsmethoden
• schlechter Gesundheitszustand
• Hunger und Durst

Je gestresster ein Hund ist, desto weniger subtile Konfliktsignale wird er zeigen können. Ist der Stresslevel des Hundes zu hoch, wird das Denkvermögen herabgesetzt und es wird in den Krisenbewältigungsmodus geschaltet. In diesem Modus reagiert der Hund nur noch emotional, teilweise kopflos.

Im Überblick:

Körpersprache
• *Die Geometrie der Körpersprache ist zu beachten.*
• *Zeigen mehrere Körperpartien nach vorne, kündigt das wahrscheinlich eine Distanzverringerungen an.*
• *Zeigen mehrere Körperpartien nach hinten, kündigt das wahrscheinlich eine Distanzvergrößerung an.*
• *Hunde zeigen sehr subtile Verhaltensweisen vor der eigentlichen Reaktion.*

Stress
• *Stress mindert das Lernvermögen.*
• *Stress lässt das Ausdrucksverhalten und die ganze Kommunikation holpriger werden.*
• *Stress lässt Hunde intensiver reagieren.*

Die eigene Einstellung

Hunde sind wahre Künstler im Lesen unserer Körpersprache, sie nehmen kleinste Veränderungen sofort wahr und reagieren dementsprechend darauf.

Beim Thema Leinenaggression ist das sehr schön zu sehen: Oft sehen wir Menschen einen Hund, der uns entgegenkommt, schon viel früher als unser eigener Hund. Und schon gehen in unserem Kopf die Alarmglocken an. Unsere Bewegungen sind nicht mehr flüssig, unser Atem stockt etwas oder geht schneller und unsere Gedanken kreisen wild durcheinander. Oft wird jetzt hektisch versucht, den eigenen Hund irgendwie auf sich aufmerksam zu machen und die Leine kürzer genommen.

Unser Hund verknüpft diese Verhaltensweisen mit der nahenden Situation: Hundebegegnung an der Leine.

Wenn ich Ihnen jetzt sage: „Entspannen Sie sich, das wird Ihrem Hund helfen!" wird Ihnen das nicht viel bringen. Denn das WIE ist immer noch ein Rätsel. Auch wir sind hier klassisch konditioniert worden und empfinden in dieser Situation Stress.

Es gibt jedoch einige Übungen, die uns Menschen zu mehr Ruhe in solchen Situationen verhelfen.

Die Bäumchen-Übung

Zuallererst ist es wichtig, dass Sie ruhig und entspannt in das Training gehen. Sind wir entspannt, fließt unser Atem gleichmäßig und unser Körper ist locker und weich. Damit Sie diese Ruhe genau spüren, kann die Bäumchen-Übung helfen.

Stellen Sie sich zu Beginn Ihrer Trainingseinheit ohne Hund ruhig hin, gerne können Sie die Augen schließen. Nun stellen Sie sich vor, dass Sie ein Baum sind. Ihre Füße sind starke Wurzeln, die bis tief in die Erde reichen. Stellen Sie sich vor, wie sich Ihre Wurzeln ausbreiten. Ihr Körper ist der Stamm, der Stärke aus-

strahlt. Ihr Kopf ist die Baumkrone, die biegsam und locker erstrahlt.

Nun atmen Sie tief ein und aus und saugen Sie die Luft von den Wurzeln an bis zu der Baumkrone.

Nach einigen tiefen Atemzügen sollten Sie merken, dass Sie in Ihrem Körper angekommen und entspannter sind.

Diese Übung kann sehr schnell und jederzeit durchgeführt werden. Auch in Situationen, die für Sie stressend

Stellen Sie sich einen kräftigen Baum mit tiefen Wurzeln vor, der Stamm ist fest und die Äste sind biegsam.

waren, beispielsweise nach einer unschönen Hundebegegnung, hilft diese Übung, wieder auf den Boden der Tatsachen zu kommen und sich zu konzentrieren.

Die Gedanken zur Ruhe bringen

Oft kreisen unsere Gedanken wie wild durcheinander, vor allem, wenn wir eine nahende Hundebegegnung vor uns haben. Sind wir aufgeregt, fällt es uns schwer, uns auf eine Sache ruhig zu konzentrieren. Sind unsere Gedanken ruhiger, spiegelt sich das in unserem Körper wider.

Wahrnehmen von Gegenständen und Lebewesen
Sehen Sie einen anderen Hund auf sich und Ihren Hund zulaufen und bemerken, dass Ihre Gedanken Karussell zu fahren beginnen, könnte Ihnen diese Übung helfen.

Schauen Sie sich in der Gegend um und nehmen Sie einzelne Gegenstände oder Lebewesen bewusst war.

Sie sehen zum Beispiel in zehn Metern Entfernung ein Schild. Beschreiben Sie dieses für sich genau. Wie hoch ist es, welche Größe hat es, welche Farben kann ich sehen, wie schwer könnte es sein? Versuchen Sie, jedes Detail wahrzunehmen. Sind Sie damit fertig, gehen Sie zum nächsten Gegenstand über.

Währenddessen könnten Sie Ihrem Hund beispielsweise ein paar Futterbrocken auf den Boden werfen, damit dieser ebenfalls beschäftigt ist.

Bemerken Sie, dass Ihre Gedanken wieder geordnet sind, können Sie das Training aufnehmen.

Als Form kann so gut wie alles auf dem Spaziergang hergenommen werden – Blumen, Schilder, Autos ...

Sich das Ziel vorstellen

Können Sie sich überhaupt vorstellen, dass Ihr Hund es schafft, entspannt an anderen Hunden vorbeizugehen?

Wir sind manchmal schon so stark auf das unerwünschte Verhalten unseres Hundes eingefahren, dass wir uns gar nicht mehr vorstellen können, wie es anders aussehen könnte.

Doch wenn wir uns solche guten Situationen nicht vorstellen können, fällt es uns sehr schwer, bereits kleine Ansätze von erwünschtem Verhalten zu sehen und zu verstärken.

Stellen Sie sich eine Situation vor, in der Sie mit Ihrem Hund spazieren gehen und Sie beide einem anderen angeleinten Hund begegnen. Wie soll sich Ihr Hund genau verhalten? Wie sieht er dabei aus? Wie fühlen Sie sich dabei?

Ich stelle mir eine ruhige Hundebegegnung an der Leine so vor:

Mein Hund und ich bemerken ganz entspannt einen entgegenkommenden Hund. Ich bleibe ruhig. Mein Hund läuft an lockerer Leine neben mir und wendet sich mir immer wieder zu. Wir laufen ruhig und locker an dem anderen Hund vorbei.

Je detaillierter Sie sich diese Situation vorstellen können, umso freudiger und zuversichtlicher werden Sie an das Training mit Ihrem Hund herangehen können.

Im Überblick: Übungen für den Menschen

Die Bäumchen-Übung hilft, zur Ruhe zu kommen und Stress entgegenzuwirken.

Das bewusste Wahrnehmen von Gegenständen lässt Ihre Gedanken ruhig werden.

Sich das Ziel vorzustellen hilft, sich positiv auf das Kommende einzustellen.

Bevor wir starten können:

NÜTZLICHES TRAININGSZUBEHÖR

Gut ausgerüstet fällt das Training leichter! Bewährt haben sich allgemein im Training mit dem Hund:

• Ein gut sitzendes Brustgeschirr: Achten Sie darauf, dass zwischen den Achseln und dem Bauchgurt genügend Spielraum ist (Daumenregel: eine Handbreit Abstand). Das Geschirr sollte aus weichem Material und größenverstellbar sein.

• Eine verstellbare Führleine von 1 - 2 Metern Länge und eine längere Leine von 3 - 5 Metern Länge: Ihr Hund hat dadurch mehr Bewegungsspielraum und kann mehr Kommunikation mit dem anderen Hund zeigen.

Ein gut sitzendes Brustgeschirr.

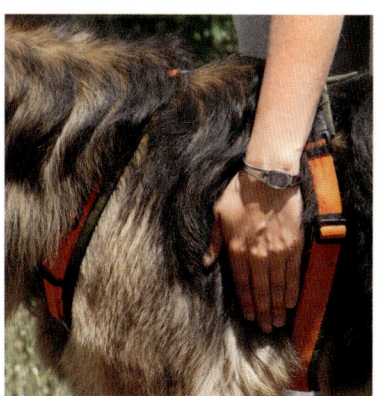

Bei großen Hunden sollte ca. eine Handbreit Platz zwischen Schulterblättern und Bauchgurt sein ...

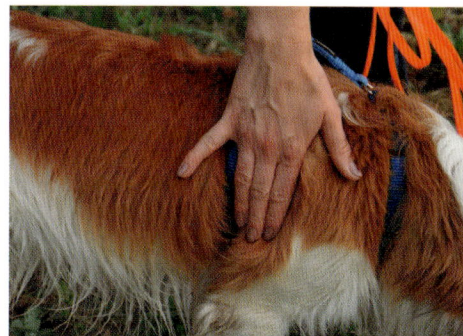

... bei kleinen reichen ca. 3 Finger breit.

Gute Vorbereitung ist die halbe Miete ... die Bauchtasche ist mit Leckerli, einer Futtetube, Spielzeug und einem Klicker ausgerüstet.

... ein Klicker/Markersignal: Mit einem Markersignal können Sie effektiv Verhalten verstärken. Weitere Funktionen und den Aufbau des Markersignals finden Sie im Kapitel rechts.

Damit Sie alle Trainingserfolge schwarz auf weiß sehen, aber auch das Training besser strukturieren können, ist es empfehlenswert ...

... ein Trainingstagebuch zu führen. Halten Sie jede Hundebegegnung mit Datum und Stichpunkten fest. Erfolge lassen sich dadurch sehr gut vergleichen und Sie sehen leichter, wo noch Trainingsbedarf liegt. Zu diesem Buch ist ein eigenes Trainingstagebuch erhältlich, das die wichtigsten Übungen nochmals zusammengefasst und Ihnen Raum für strukturierte Notizen lässt (s. S. 38).

Ohne Motivation kein Training! Deshalb:

- Viele klein geschnittene Leckerlis: Hier dürfen Sie bunt mischen: klein geschnittener Käse, Wurst, gekochtes Fleisch, Obst- oder Gemüsestücke – eben alles, was Ihr Hund gerne frisst.

- Futtertube: Mag Ihr Hund gerne Joghurt, Quark, Honig, Leberwurst oder Thunfisch? Dann ist eine Futtertube ideal.

- Spielzeug: Liebt Ihr Hund Spielzeuge? Super, dann packen Sie ein kleines Zerrseil in Ihre Tasche.

Um effektiv mit Ihrem Hund kommunizieren zu können, hilft ...

Was sollte man nicht verwenden?

- Zughalsbänder
- Erziehungsgeschirre
- Sprühhalsbänder

Warum nicht?
Diese Hilfsmittel basieren alle auf dem Prinzip der positiven Strafe.

Im Überblick: Trainingszubehör
Brustgeschirr und 2-3 m lange Leine, keine Flexileine
Viele, klein geschnittene Leckerli
Futtertube
Spielzeug
Trainingstagebuch

DIE BASICS

Markersignale

Um effektiv mit unseren Hunden trainieren und leben zu können, gibt es eine Grundvoraussetzung: wir müssen sinnvoll miteinander kommunizieren.

Wenn zwei Lebewesen miteinander kommunizieren, werden Signale vom Sender zum Empfänger übertragen. Damit aber auch das beim Empfänger ankommt, was der Sender ihm mitteilen möchte, gibt es drei Voraussetzungen:

1. Es muss einen gemeinsamen Signalvorrat geben.
2. Die zu übermittelnden Signale müssen von beiden Seiten verstanden werden.
3. Die zu übermittelnden Signale müssen übertragen werden und ankommen.

Was in der Theorie so einfach aussieht, ist in der Praxis manchmal gar nicht so leicht. Mensch und Hund sprechen eine andere Sprache. Damit die Kommunikation leichter und effektiver gestaltet werden kann, helfen uns Markersignale.

Was ist ein Markersignal?

Ein besonderes Geräusch, ein Wort, ein Pfiff oder auch eine bestimmte Berührung können Markersignale sein. Markersignale vereinfachen die Kommunikation, da sie wie eine gemeinsame Sprache sind.

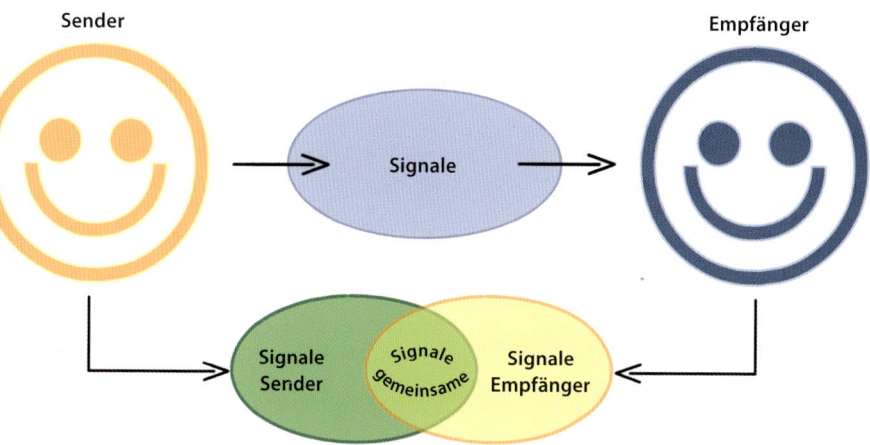

Sender — Signale — Empfänger

Signale Sender — gemeinsame Signale — Signale Empfänger

Markersignale

- dienen der außerartlichen Kommunikation sowie der Kooperation mit
dem Menschen.
- verknüpfen effektiv Verhalten mit
Konsequenzen.
- übertragen Informationen.
- übermitteln Emotionen.

Der Klicker – ein prägnantes Markersignal.

Die Funktionen
des Markersignals

**Markieren von erwünschtem Verhal-
ten:** Hunde verhalten sich immer. Mit
Hilfe des Markersignals können wir unseren Hunden exakt mitteilen, welches
Verhalten das erwünschte war und sich
für sie lohnt. Wie ein Textmarker wich-
tige Textstellen in einem Absatz farbig

hervorhebt, hebt das Markersignal Verhaltensweisen hervor.

Überbrücken von Zeit: Hunde können ein Verhalten mit einer Konsequenz nur binnen zwei Sekunden
miteinander verknüpfen. Durch das
Markersignal schaffen wir uns etwas
mehr Zeit, um diese Verknüpfung zu
erschaffen.

Übertragen von Emotionen: Das
Markersignal ist mit vielen für den
Hund wichtigen Sachen verknüpft
(Futter, Spiel, Sozialkontakt etc.). Diese
Dinge lösen beim Hund eine positive
Grundstimmung aus. Das Markersi-
gnal kündigt all diese Dinge an und
beim Hund wird dadurch eine positive
Erwartungshaltung und Stimmung
ausgelöst und negativen Emotionen
entgegengewirkt.

Eindeutige Kommunikation: Wird
ein Markersignal verwendet, kommunizieren die Menschen deutlicher mit
dem Hund. Sie achten mehr auf erwünschtes Verhalten.

Wichtigkeit des Menschen: Der
Mensch produziert das Markersignal
und ist somit für die Bedürfnisbefriedi-
gung des Hundes verantwortlich. Dieser Faktor lässt den Menschen somit in
der Wertigkeit des Hundes nach oben
wandern.

Aufbau des Markersignals

Markersignale werden über klassische
Konditionierung aufgebaut, d. h. dass
ein bisher für den Hund unbedeuten-
der Reiz zukünftig eine Bedeutung
erlangt.

Markersignale können akustische (Stimme, Klicker), optische (Daumen nach oben, Laserpointer) oder taktile (Vibrationshalsband, Berührungen) Signale sein.

Für den Aufbau des Markersignals suchen Sie sich eine ruhige, ablenkungsarme Umgebung und produzieren Sie das neue Signal. Nun warten Sie kurz und geben Ihrem Hund anschließend eine Belohnung.

Beispiel für den Aufbau eines Markersignals:

Markersignal – kurze Pause (1 Sek.) – Futter aus der Hand
Markersignal – kurze Pause (1 Sek.) – Futter auf den Boden werfen
Markersignal – kurze Pause (1 Sek.) – Futter dem Hund zuwerfen
Markersignal – kurze Pause (1 Sek.) – Futter aus der Futtertube
Markersignal – kurze Pause (1 Sek.)– Futter auf den Boden zum Suchen streuen

Ab der zweiten Einheit des Markersignalaufbaus beginnen Sie verschiedene Belohnungen zu verwenden:

Markersignal – kurze Pause (1 Sek.) – Futter aus der Hand
Markersignal – kurze Pause (1 Sek.) – Futter wegwerfen
Markersignal – kurze Pause (1 Sek.) – Zerrspiel
Markersignal – kurze Pause (1 Sek.) – Stimmlob
Markersignal – kurze Pause (1 Sek.) – Leckerei aus der Futtertube
Markersignal – kurze Pause (1 Sek.) – Spiel mit Futterdummy
Markersignal – kurze Pause (1 Sek.) – in Wasser springen

Bleiben Sie während der Konditionierung nicht still stehen, sondern bewegen Sie sich mit Ihrem Hund umher.

Damit das Markersignal zügig in den Alltag und in das Training integriert werden kann, verwenden Sie es von nun an für alle erwünschten Verhaltensweisen, die Ihr Hund zeigt:

Er sieht Sie an – Markersignal – Belohnung
Sie rufen ihn zu sich zurück – Markersignal – Belohnung
Er bringt sein Spielzeug – Markersignal – Belohnung
Sie fordern ihn auf, sich hinzusetzen – Markersignal – Belohnung

Wichtig!
Das Markersignal ist für den Hund ein Versprechen auf eine Belohnung. Deshalb muss nach dem Markersignal immer eine Belohnung folgen.

Markersignale dienen als Feedback für den Hund, welche Verhaltensweisen erwünscht sind. Sie dienen jedoch nicht als Aufmerksamkeits- oder als Rückrufsignal.

Entspannung

Fast jedes Verhalten unseres Hundes, das wir als unerwünscht oder als Problemverhalten titulieren, ist das Resultat einer zu hohen Erregungslage des Hundes. Man kann sagen: Umso erregter ein Hund ist, desto stärker werden seine Verhaltensreaktionen ausfallen.

Eigentlich ganz logisch. Dieses Phänomen kennen wir von uns Menschen selbst. Wir kommen abgehetzt von einem anstrengenden und nervenaufreibenden Arbeitstag nach Hause und haben nun noch einen Arzttermin. Wir steigen hektisch ins Auto, weil wir schon zu spät dran sind.

Und dann kommt da dieser Autofahrer, der vor uns im Schneckentempo die Straße entlang kriecht. Man beginnt das Schimpfen im Auto und unser Puls schnellt nach oben. Würden wir uns genauso verhalten, wenn wir komplett entspannt in das Auto gestiegen wären?

Wahrscheinlich nicht.

Hilde entspannt auf einer Wiese und genießt dabei die Streicheleinheiten von Frauchen. Heike nutzt die Gelegenheit, um das Entspannungssignal aufzufrischen.

Im Umkehrschluss heißt das dann, dass Entspannung Problemverhalten verringern kann.

Um effektiv an einer Verhaltensänderung zu arbeiten, ist es also wichtig, an alle Ebenen der Verhaltensentstehung zu denken. Bevor ein Hund un-

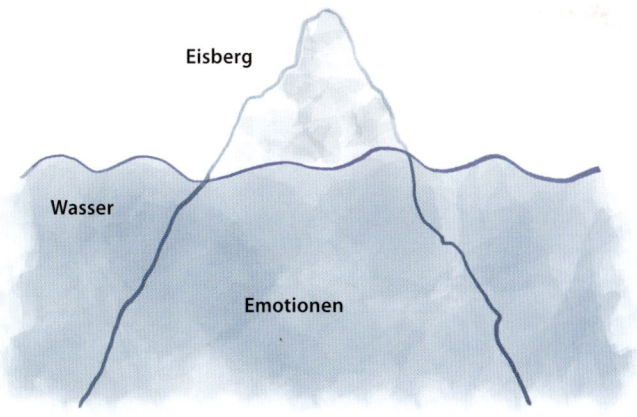

Unter der Oberfläche tummeln sich eine Vielzahl an Emotionen.
Wir sehen nur einen Bruchteil der Emotionen.

erwünschtes Verhalten zeigt, haben schon Veränderungen im seinen Inneren begonnen, bei seinen Emotionen.

Das Erregungsniveau ist angestiegen. Wir sehen in der Verhaltensreaktion lediglich die Spitze des Eisbergs.

Alles ganz logisch, werden Sie jetzt sagen, aber wie soll ich meinen Hund denn entspannen, wenn er sich gerade wie ein Löwe gebärdet?

Diese Entspannung, von der ich die ganze Zeit spreche, kann dem Hund bewusst beigebracht werden. Entspannung kann mit einem Reiz verknüpft und dadurch in auslösenden Situationen verwendet werden.

Durch klassische Konditionierung verknüpfen wir einen bestimmten Reiz mit Entspannung. Als Entspannungssignal können eingesetzt werden:

• Wort (Ruuuuuuhig, Eaaaaaasy o.ä.)
• Halstuch
• Decke
• Geruch

Nun gibt es zwei verschiedene Wege, wie das Entspannungssignal aufgebaut werden kann.

Lässt sich Ihr Hund von Ihnen gerne anfassen und genießt diese Streicheleinheiten, beginnen Sie in einer ruhigen Minute Ihren Hund zu streicheln, bis er sich zu entspannen beginnt.

Nun nehmen Sie die Hände von ihm weg und geben das Entspannungssignal.

Anschließend streicheln Sie ihn einige Zeit weiter.

Durch das kurze Wegnehmen der Hände hat Ihr Hund die Möglichkeit, das neue Signal direkt mit der Entspannung zu verknüpfen.

Wiederholen Sie diesen Ablauf während einer Einheit mehrmals hintereinander.

Mag Ihr Hund nicht angefasst werden oder kann sich dabei nur schlecht entspannen, ist das nicht schlimm.

Warten Sie ab, bis sich Ihr Hund hinlegt und zu dösen beginnt. Nun geben Sie das Entspannungssignal.

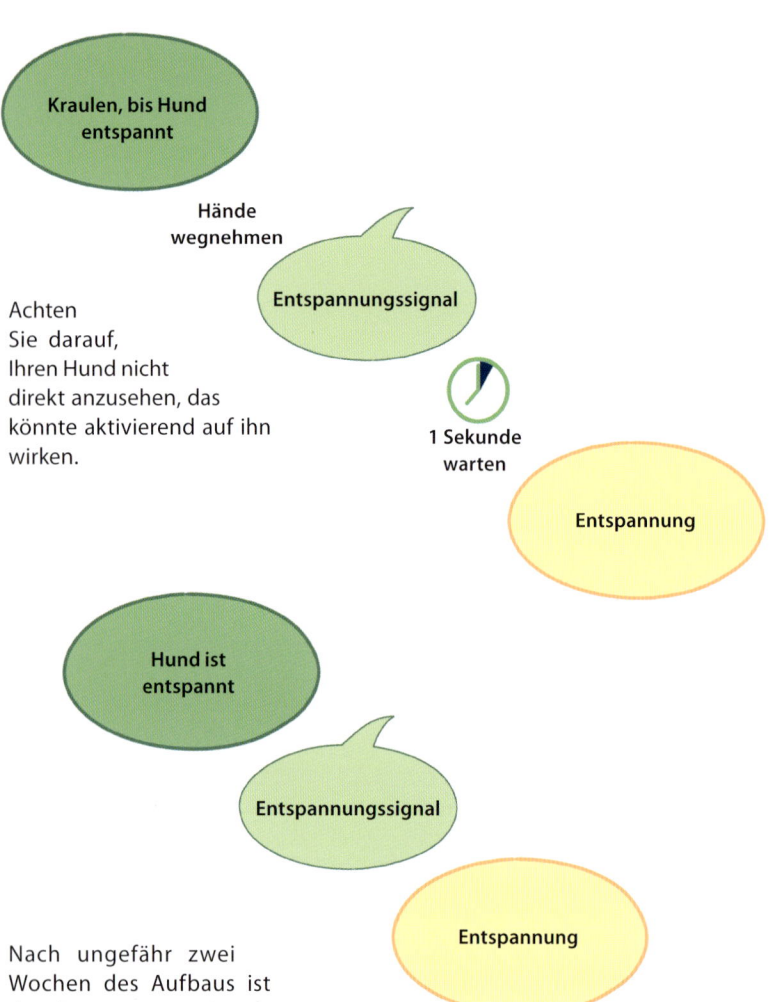

Kraulen, bis Hund entspannt

Hände wegnehmen

Entspannungssignal

Achten Sie darauf, Ihren Hund nicht direkt anzusehen, das könnte aktivierend auf ihn wirken.

1 Sekunde warten

Entspannung

Hund ist entspannt

Entspannungssignal

Entspannung

Nach ungefähr zwei Wochen des Aufbaus ist das Entspannungssignal soweit aufgeladen, dass Sie es direkt in aufregenden Situationen einsetzen können.

Und das soll funktionieren?
Ja, tut es.

Stellen Sie sich vor, Sie befinden sich im Urlaub in der Karibik. Sie sitzen abends gemütlich am Meer und schlürfen einen Cocktail.

Im Hintergrund hören Sie Musik. Jeden Abend wiederholt sich ein bestimmter Song immer wieder. Sie genießen die Ruhe und Entspannung.

Drei Wochen später sitzen Sie wieder im Büro und die Erholung ist schon vergessen. Doch da hören Sie DAS Lied im Radio.

Was geht Ihnen jetzt durch den Kopf?

Oh, war das schön in der Karibik! Sie schnaufen durch, Ihre Gedanken kreisen um den Urlaub und Sie werden automatisch ruhiger, ohne irgendein Zutun.

Das gleiche Prinzip passiert bei Ihrem Hund.

Die Anwendung im Training

Zeigt Ihr Hund beim Training oder auch im Alltag ein höheres Erregungsniveau, das zu kippen droht, geben Sie das Entspannungssignal.

Bitte erwarten Sie nicht, dass sich Ihr Hund nach Gabe des Entspannungssignals hinlegt und alle Probleme beseitigt sind. Das Entspannungssignal ist ein Türöffner, der das Erregungsniveau unseres Hundes kurzzeitig senkt und ihn wieder ansprechbarer macht.

Wichtig!
Stellen Sie sich das Entspannungssignal wie einen Akku vor, der mit Entspannung aufgeladen ist. Verwenden Sie das Entspannungssignal nun immer wieder in für Ihren Hund aufregenden Situationen, verknüpft er dieses Signal mit Aufregung, der Akku entlädt sich.
Um dies zu verhindern, ist es notwendig, die Entspannung immer wieder mit dem Signal zu verknüpfen.

Diese kurze Pause muss genutzt werden, um dem Hund eine Information zu geben, was er nun tun soll.

Erstellen eines Trainingsplans

Bevor mit dem eigentlichen Training begonnen werden kann, ist es immens wichtig, den genauen Stand der Dinge herauszufinden.

Fragen Sie sich Folgendes und beantworten Sie ehrlich:

- Seit wann zeigt mein Hund das unerwünschte Verhalten?
- Gibt es vielleicht einen bestimmten Auslöser?
- Wann tritt das unerwünschte Verhalten auf? Nur bei bestimmten Hunden?
- Zeigt er das Verhalten bei einem Mitglied der Familie stärker als bei einem anderen?
- In welcher Distanz zum Auslöser reagiert mein Hund bereits?

Nun haben Sie einen genauen Überblick über die jetzige Situation. Jetzt geht es daran, einen Trainingsplan zu erstellen:

Überlegen Sie, welches Verhalten Sie sich von Ihrem Hund wünschen und unterteilen Sie dieses Verhalten in kleine Zwischenschritte.

Zum Beispiel:

- Ihr Hund springt tosend in die Leine, sobald ein anderer Hund am Horizont erscheint.

Ihr Ziel:

- Beim Auftauchen eines anderen Hundes bleibt mein Hund ruhig und wendet sich mir erwartungsvoll zu, während der fremde Hund den Weg entlang läuft.

Teilziele:

- Mein Hund lässt die Leine locker, während ein anderer Hund auftaucht.

- Mein Hund kann den anderen Hund ruhig wahrnehmen.

- Mein Hund kann mit meiner Unterstützung mit seiner Aufmerksamkeit bei mir bleiben.

- Mein Hund kann mit mir ruhig Distanz zum Auslöser schaffen.

Warum Teilziele?

Oft ist das Hauptziel, das wir erreichen möchten, für den Anfang ein zu großer Schritt. Beginnt man dann mit dem Training, sieht man sich noch sehr weit von dem Ziel entfernt und kleine Erfolge und Veränderungen im Verhalten des Hundes werden wenig gewürdigt. Durch Setzen von Teilzielen geben Sie sich und Ihrem Hund die Chance, wirklich bis ans Ziel zu gelangen.

Das Trainingstagebuch

Für ein strukturiertes und effektives Training empfiehlt es sich, ein Trainingstagebuch zu führen. Die Vorteile eines Trainingstagebuches liegen klar auf der Hand: Damit ist es einfacher, das Training strukturiert und effektiv zu gestalten.

Sie können die Trainingsfortschritte mit Ihrem Hund jederzeit nachvollziehen und Situationen Revue passieren lassen und das Training ggf. anpassen.

Trainieren Sie mit einem Hundetrainer, ist ein gut geführtes Trainingstagebuch für diesen eine Hilfe, um das Training zu überprüfen und ggf. Änderungen vorzunehmen.

Sie haben eine Erinnerung an die gemeinsame Trainingszeit.

Tragen Sie nach jedem Training die Situation sowie das Verhalten Ihres Hundes und Ihr eigenes Verhalten ein. Nach einigen Wochen werden Sie stolz auf die Fortschritte, die Sie und Ihr Hund bereits gemacht haben, zurückblicken können.

Das Trainingstagebuch

Im Überblick: Die Basics

Markersignale
• unterstützen eine eindeutige Kommunikation mit dem Hund,
• ermöglichen sekundengenaues Belohnen des Hundes,
• übertragen Emotionen und Informationen.

Entspannungstraining
• Entspannung ist der Gegenspieler zu Aufregung und Aggression.
• Entspannung hilft, Verhaltensreaktionen zu schwächen.
• Entspannungssignale sind ein Türöffner, um den Hund wieder ansprechbar zu bekommen.

Trainingsplan
• Trainingspläne lassen das Hundeverhalten objektiv betrachten.
• Trainingspläne helfen, das Training mit dem Hund zu strukturieren.
• Durch Teilziele schafft man schnell die ersten Erfolge.

Trainingstagebuch
• Das Training wird strukturiert und effektiv gestaltet.
• Trainingsfortschritte sind schwarz auf weiß sichtbar.
• Durch das Protokollieren sind Trainingsfehler oder -schwächen leichter sichtbar.

LEINENFÜHRIGKEIT

– Die Grundlagen

Die Leine ist mehr als nur die Verbindung zum Hundehalter. Die Leine des Hundes ist nicht zum Führen da, sondern zum Sichern und Leiten.

Ein an der Leine ziehender Hund ist nicht nur unangenehm für den Menschen, sondern birgt auch weitere Gefahren für sich selbst und die Umwelt. Ständiger Zug auf den Körper des Hundes schadet der Gesundheit. Der sensible Halsbereich und der Rücken werden immer wieder stark beansprucht.

Durch den Zug nach vorne verändert sich beim Hund die Körpersprache. Der Körperschwerpunkt wird nach vorne genommen, was das Gegenüber leicht als Drohgeste auffassen könnte. Ebenso wirkt das starke Atmen durch den Druck auf den Halsbereich nicht freundlich.

Diese beiden aus dem Ziehen resultierenden Verhaltensweisen können vom Gegenüber falsch aufgefasst werden und Konflikte entstehen lassen.

Durch eine solide Leinenführigkeit gehören diese Probleme der Vergangenheit an.

Warum ziehen Hunde?

Oft wird nicht verstanden, warum Hunde immer wieder so intensiv an der Leine ziehen und es anscheinend nicht lernen. Es müsste doch wehtun oder zumindest unangenehm sein. Das ist es ganz bestimmt – jedoch spielen viele weitere Faktoren in das Leineziehen mit hinein, sodass es sich für den Hund dennoch lohnt:

Ihr Hund hat noch nicht gelernt, an lockerer Leine zu laufen.

Ihr Hund hat Erfolg mit dem Ziehen und gelangt immer, oder meistens, dorthin, wohin er gerne möchte. Sein Ziehen an der Leine wird also, auch wenn von Ihnen ungewollt, belohnt.

Der Stresspegel Ihres Hundes ist zu hoch und er kann sich dadurch nicht konzentrieren.

Sie loben Ihren Hund an der falschen Stelle und verstärken dadurch das Ziehen.

Zug erzeugt Gegenzug. Dieses Phänomen ist auf den Oppositionsreflex zurückzuführen. Hunde müssen erst lernen, diesen zu überwinden und einem Zug nachzugeben.

Ihr Hund muss dringend sein Geschäft erledigen.

Ihr Hund ist unausgelastet.

Ihr Hund hat Angst. Angstverhalten stellt eine Ausnahmesituation dar, bei der ich meinem Hund keinen Gehorsam abverlange. Er hat in diesem Moment wirklich „Wichtigeres" zu tun und kann sich nicht auf die Leinenführigkeit konzentrieren.

Der Lockere-Leine-Modus und der Ich-darf-ziehen-Modus

Hunde zeigen immer das Verhalten, das lohnenswert für sie ist. Deswegen ist es nicht leicht, die Leinenführigkeit im Alltag sauber aufzubauen. Wir haben nicht ständig die Zeit oder vielleicht die Lust, bei jedem Zug des Hundes stehen zu bleiben. Reagieren wir

einmal auf den Zug des Hundes an der Leine und einmal lassen wir uns mitziehen, ist das für den Hund wie Lotto spielen: Ich muss nur lange genug ziehen, dann komme ich zu meinem Ziel.

Bewährt hat sich deshalb, dem Hund ein Signal beizubringen, das bedeutet: Jetzt musst du an lockerer Leine laufen, und ein anderes Signal, das dem Hund erlaubt zu ziehen.

Da jeder Mensch andere Vorlieben hat, möchte ich Ihnen einige Varianten des „Ich-darf-ziehen- Modus" und des „Lockere-Leine-Modus" vorstellen:

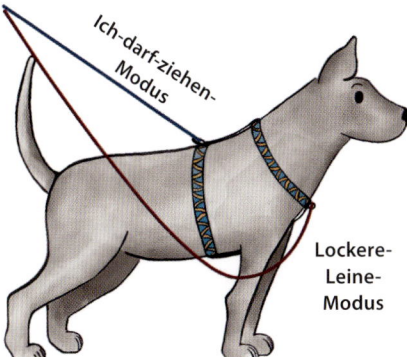

Variante 1:
Lockere-Leine-Modus:
Brustring am Geschirr des Hundes

Ich-darf-ziehen-Modus:
Rückenring am Geschirr des Hundes

Variante 2:
Lockere-Leine-Modus:
Halsband

Ich-darf-ziehen-Modus:
Rückenring am Geschirr des Hundes

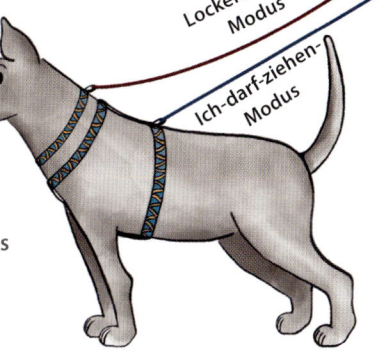

*Führen Sie Ihren Hund am Halsband, ist es von immenser Be-
deutung, dass Sie niemals eine Schleppleine in das Halsband
des Hundes einhängen. Springt Ihr Hund an langer Leine in das
Halsband, kann das zu einer Schädigung der Wirbelsäule führen.*

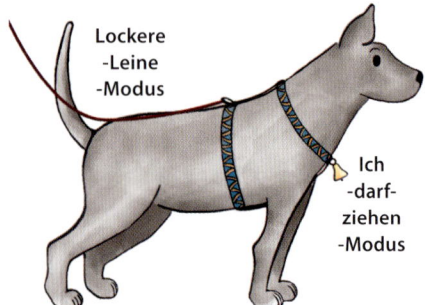

Lockere
-Leine
-Modus

Ich
-darf-
ziehen
-Modus

Variante 3:
Lockere-Leine-Modus:
Rückenring am Geschirr
des Hundes

Ich-darf-ziehen-Modus:
Rückenring am Geschirr des
Hundes plus Glöckchen

Variante 4:
Lockere-Leine-Modus:
1 - 2 Meter Leine am
Rückenring am Geschirr des
Hundes

Ich-darf-ziehen-Modus:
3 m und mehr am Rückenring am
Geschirr des Hundes

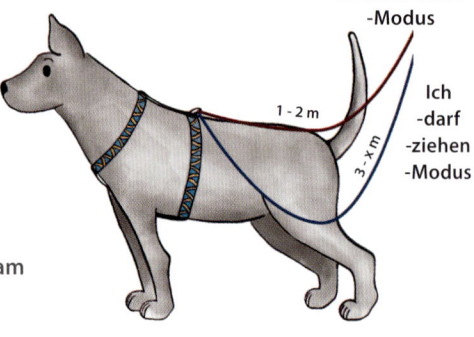

Lockere-Leine
-Modus

1 - 2 m

3 - x m

Ich
-darf
-ziehen
-Modus

Durch diese klare Trennung wird Ihr Hund viel schneller und leichter lernen, an lockerer Leine zu gehen.

Das Handling der Leine

Möchten Sie, dass Ihr Hund nicht an der Leine zieht, ziehen Sie ebenfalls nicht an der Leine. Halten Sie die Leine durchhängend und locker in einer Hand.

Arbeiten Sie mit dem Klicker, nehmen Sie diesen und die Leine in eine Hand.

Dadurch ist die freie Hand die aktive Hand, mit der Sie Ihren Hund belohnen und führen können. Die andere Hand ist nur dafür zuständig, die Leine zu halten und gegebenenfalls den Klicker zu betätigen.

Das Training

An lockerer Leine zu laufen ist für viele Hunde nicht einfach. Sie müssen ihre Aufmerksamkeit ununterbrochen teilen, müssen sich unserem meist langsameren Tempo anpassen und sind in ihrer Bewegungsfreiheit, vor allem bei Hundebegegnungen, eingeschränkt.

Aus diesen Gründen ist es wichtig, die Leinenführigkeit langsam, aber stetig aufzubauen.

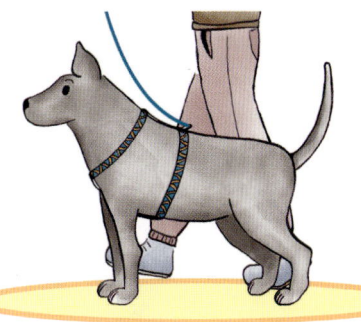

Ein gedachter Kreis begrenzt den Radius der lockeren Leine.

Wo soll der Hund laufen?

Es ist prinzipiell egal, wo der Hund läuft, ob neben Ihnen, hinter Ihnen oder ein Stückchen vor Ihnen. Wichtig ist, dass die Leine locker durchhängt und sich der Hund dem Leinenradius automatisch anpasst.

Wir beginnen...

Klicken Sie eine 1 - 2 Meter Leine in den Lockere-Leine-Modus ein und nehmen Sie sie locker in die Hand.

Zunächst müssen wir unserem Hund zeigen, welche Position erwünscht ist. Markern Sie diese Position, wenn Ihr Hund neben Ihnen steht, wenden Sie sich ihm anschließend zu und geben ihm ein Stück Futter aus der Hand oder werfen Sie es auf den Boden neben bzw. leicht hinter sich. Warten Sie, bis Sie Ihr Hund wieder ansieht und wiederholen Sie diese Übung mehrmals.

Wo und wie wird der Hund belohnt?

Beim Training der Leinenführigkeit empfehle ich, überwiegend mit Futter zu belohnen. Ein Stückchen Futter ist schnell griffbereit, leicht zu dosieren und dreht den Hund nicht übermäßig auf.

Barni läuft an lockerer Leine neben Nicole.

Nicole wendet sich Barni direkt zu, um ihm das Leckerli zu geben. Barni muss also nicht vor Nicole gehen, um an die Belohnung zu kommen.

Sollte Ihr Hund kein Futter mögen, können Sie ihn alternativ mit der Stimme oder kurzen Streichlern (vorausgesetzt, Ihr Hund mag diese Berührung) loben.

Achten Sie außerdem darauf, Ihren Hund entweder neben sich oder leicht hinter sich zu belohnen. Durch diese Gabe der Belohnung legen Sie den Schwerpunkt neben sich und Ihr Hund wird nach einigen Wiederholungen lernen, dass er neben bzw. hinter Ihnen bleiben kann, um sein Futter zu bekommen.

Nun geht es los – die ersten Schritte

Verweilt Ihr Hund locker an Ihrer Seite, dann laufen Sie einen Schritt los. Folgt Ihr Hund, markieren Sie dies und wenden sich ihm wieder zu, um ihn zu belohnen. Es hat sich bewährt, beim Geben des Leckerlis stehen zu bleiben, damit der Hund das Futter in Ruhe hinunterschlucken und sich danach wieder bewusst dem Menschen zuwenden kann.

Markieren Sie das Verhalten in der Bewegung und belohnen Sie es im Stehen.

Klappt diese Übung, ist es Zeit, die Anzahl der Schritte, die Sie vorwärts laufen, zu erhöhen.

Was tun, wenn mein Hund doch zieht?

Es wird vor allem zu Beginn des Trainings und wenn Sie die Ablenkung steigern immer wieder vorkommen, dass Ihr Hund aus dem gedachten Radius herauskommt und das Ziehen beginnt.

Ist Ihr Hund an das Ende der Leine gekommen, bleiben Sie stehen. Jetzt sprechen Sie ihn an und laden ihn freundlich ein, wieder an Ihre Seite und damit in den Leinenradius zu kommen.

Die Einladung

Geben Sie Ihrem Hund die Möglichkeit, wieder an Ihre Seite zu kommen und fordern Sie Ihn hierzu auf. Hilfreich ist dabei, wenn Sie mit Ihrem ganzen Körper sprechen. Nehmen Sie ein Bein etwas zurück, leiten Sie Ihren Hund mit der Hand den Weg und führen Sie ihn in einem Bogen in den Leinenradius zurück.

Die Leine bleibt währenddessen locker und dient nicht dazu, den Hund an Ihre Seite zu ziehen.

Befindet sich Ihr Hund wieder bei Ihnen, warten Sie, bis er wirklich wieder aufmerksam ist und gehen dann erneut los.

Bringen Sie Abwechslung in das Training. Laufen Sie nicht nur geradeaus, sondern auch einmal links und rechts, vor und zurück oder Schlangenlinien. Auch Änderungen des Tempos sind sinnvoll, um die Aufmerksamkeit Ihres Hundes zu fördern. Laufen Sie einmal schnell und einmal ganz langsam.

Nicole wendet sich Barni zu und spricht ihn an.

Handbewegung nach hinten zurück zum Leinenradius

Fehlerquellen

Im täglichen Miteinander kann es leicht passieren, dass sich der Fehlerteufel einschleicht und das Training einfach nicht voranschreitet.

Mit einer einladenden Handbewegung holt sie Barni wieder in den Leinenradius.

Typische Fehlerquellen im Training der Leinenführigkeit sind:

Sie sind nicht konsequent beim Trainieren und hängen die Leine nicht sorgfältig in den Lockere-Leine-Modus um. Tun Sie das nicht stetig, kann Ihr Hund nicht eindeutig entscheiden, was von ihm wann erwünscht ist.

Sie markieren das Verhalten Ihres Hundes immer, kurz bevor er an das Ende der Leine gelangt. Belohnen Sie Ihren Hund öfters dafür, geben Sie ihm zu verstehen, dass das erwünschte

Im Leinenradius erhält Barni seine Belohnung.

Verhalten ist, an das Ende der Leine zu laufen. So erzielen Sie einen Jojoeffekt.

Sie geben das Futter während des Laufens. Dadurch besteht die Gefahr, dass Ihr Hund nach Gabe des Futters gleich weiter nach vorne laufen möchte.

Ihr Hund hat einen zu hohen Erregungspegel oder Stress. Ist Ihr Hund aufgeregt oder gestresst, bringen Sie ihn erst wieder etwas zur Ruhe. Machen Sie kleine Futtersuchspiele oder wenden Sie die konditionierte Entspannung (siehe S. 34) an, um das Erregungsniveau zu senken. Erst, wenn Ihr Hund wieder den Kopf frei hat, beginnen Sie das Training erneut.

Sie haben die Anforderungen und Schwierigkeiten zu schnell gesteigert. Immer wieder kommt es vor, dass die Anforderungen zu schnell gesteigert werden und der Hund das Geforderte einfach noch nicht leisten kann. Steigern Sie die Ablenkungen langsam im Tempo Ihres Hundes.

Bitte nicht!

Es gibt leider immer noch Trainingsanleitungen für die Leinenführigkeit, die empfehlen, den Hund an der Leine zu rucken, wenn er zieht, oder unangekündigte Richtungswechsel zu vollziehen. Beides ist absolut nicht empfehlenswert!

Rucken Sie an der Leine Ihres Hundes, wenn er zieht, müssen Sie zuerst einmal, um rucken zu können, die Leine etwas lockern, damit der Schwung da ist. Das bedeutet, dass Sie Ihren Hund in dem Moment rucken, in dem die Leine locker ist.

Unangekündigte Richtungswechsel sind nicht nur unfair, sondern tun auch weh. Ihr Hund wird verunsichert werden oder sein Stressniveau steigt an, denn er konnte nicht lernen, welches Verhalten erwünscht ist. Möchten Sie Richtungswechsel einbauen, dann informieren Sie Ihren Hund darüber. Auch er kann einmal unaufmerksam sein …

Im Überblick: Leinenführigkeit

Lockere-Leine-Modus und Ich-darf-ziehen-Modus

Marker in der Bewegung, Belohnung im Stehen

Belohnung immer neben oder leicht hinter dem Menschen geben

Bei Zug auf der Leine sofort stehen bleiben und Hund „einladen"

Das Training zur Überwindung der

LEINENAGGRESSION

Das Begegnungshaus

Die Vorbereitungen sind getroffen und das Training kann beginnen! Nur mit einer Übung allein ist das Training zur Überwindung der Leinenaggression nicht getan, es braucht etwas mehr.

Das Begegnungshaus zeigt Ihnen bildlich die Bausteine für das Begegnungstraining:

Stellen Sie sich das Training vor wie einen Hausbau.

Sie brauchen zuerst ein stabiles Fundament, auf dem Sie nach oben aufbauen können. Dieses Fundament bilden das Markertraining und das Entspannungstraining.

Um überhaupt in das Haus zu gelangen, benötigt man eine Tür, oder in unserem Fall, um einen Fuß in die Tür des Hundeverhaltens zu bekommen, die Trainingstechnik „Marker für Blick".

Damit es nicht dunkel bleibt im Haus, werden Fenster eingebaut. Unserem Hund helfen wir durch Zeigen und Benennen.

Um vor Außeneinflüssen und gegen die Witterung widerstandsfähig zu sein, wird auf ein Haus immer ein Dach gesetzt. Für unser Training bedeutet dies, dass wir unserem Hund ein Alternativverhalten beibringen.

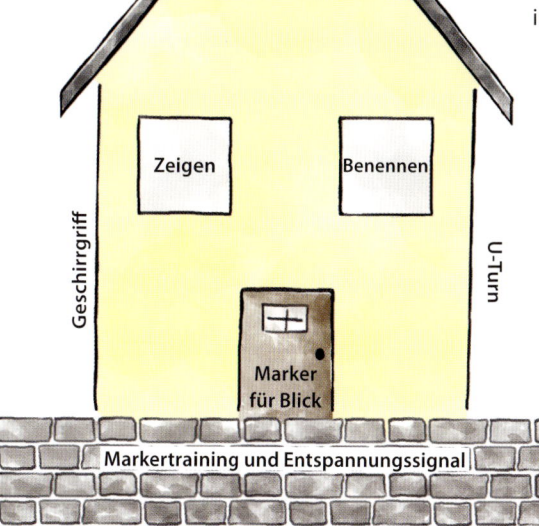

Alternativverhalten

Zeigen

Benennen

Geschirrgriff

U-Turn

Marker für Blick

Markertraining und Entspannungssignal

Das Leben spielt nicht immer nach unseren Vorstellungen und es treten unvorhergesehene Situationen auf. Die Wände des Hauses schützen uns. Im Training wenden wir für Notfallsituationen den Geschirrgriff, den U-Turn und die Open Bar an.

In den nachfolgenden Kapiteln werden alle Trainingsanleitungen ausführlich besprochen und erklärt.

Marker für Blick

Reagiert ein Hund mit großem Getöse beim Anblick eines anderen Hundes, ist er meist kaum ansprechbar. Mit diesem Verhalten gehen vor allem Emotionen wie Frust, Wut oder Angst einher.

Im Training mit dem Hund dürfen eben genau diese Emotionen nicht außen vor gelassen werden, denn eine Emotion stößt ein Verhalten an und macht dieses wahrscheinlicher.

Die am meisten beteiligte Emotion bei Aggressionsverhalten ist Angst. Angst, eine Ressource zu verlieren oder auch Angst um die eigene Sicherheit.
Aber auch Frust, weil der Hund nicht das bekommt, was er gerne möchte, lässt Aggressionsverhalten wahrscheinlicher werden.
Einem Hund, der so emotional geladen reagiert, kann man sehr schwer erwünschtes Verhalten beibringen. Aus diesem Grund ist der erste Schritt beim Training zur Überwindung der Leinenaggression, diese Emotionen zu mindern und ins Positive zu verändern.

All diese Emotionen, Angst, Wut oder auch Frust, haben eines gemeinsam: sie sind alle negative Emotionen. Auch als Mensch fühlt man sich mit diesem Gefühlen nicht wohl, man ist gestresst und das Denken fällt zunehmend schwerer.

Nun gilt es also, unserem Hund anstatt dieser negativen Gefühle gute zukommen zu lassen beim Anblick eines anderen Hundes. Mit Hilfe der klassischen Konditionierung und des Markersignals ist das möglich.

Wir wählen für das kontrollierte Training eine Distanz zum Auslöser, die für unseren Hund noch machbar ist, d. h. er nimmt den Auslöser wahr, reagiert aber noch nicht mit Getöse auf diesen. Er befindet sich also in der grünen Wohlfühlzone (siehe Zeichnung S.49)

Beim Anblick eines anderen Hundes reagiert der Hund emotional mit Knurren oder Bellen.

rot	gelb	grün

Wohlfühldistanz

Die Wohlfühldistanz zum Auslöser bestimmt immer der Hund, nicht der Mensch.

Sieht unser Hund nun zu dem Auslöser, markieren wir genau dieses Verhalten mit dem Markersignal und belohnen ihn anschließend mit seinem funktionalen Verstärker. Möchte unser Hund Distanz zum Auslöser, gehen wir wieder etwas aus der Situation heraus, möchte er näher hin, verkürzen wir die Distanz etwas. Als emotionales I-Tüpfelchen darf und sollte gerne ein tolles Leckerli gegeben und mit der Stimme zusätzlich gelobt werden.

WICHTIG!
Immer den Blick zum Auslöser mit dem Markersignal einfangen!

Was passiert beim Hund:

Die Arbeit mit dem Markersignal lässt beim Hund Glückshormone ausströmen, weil dieser mit lauter positiven Dingen verknüpft ist. Dadurch, dass der Marker genau in dem Moment gegeben wird, in dem unser Hund den anderen Hund ansieht, färbt dieses positive Gefühl auf den Auslöser ab.

Nach vielen Wiederholungen ändert sich nun auch die Erwartungshaltung unseres Hundes.

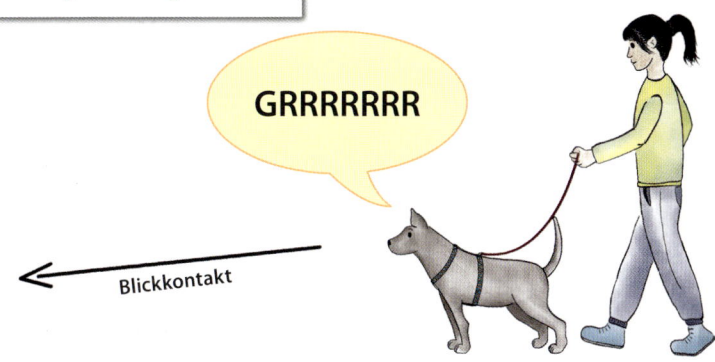

GRRRRRRR

Blickkontakt

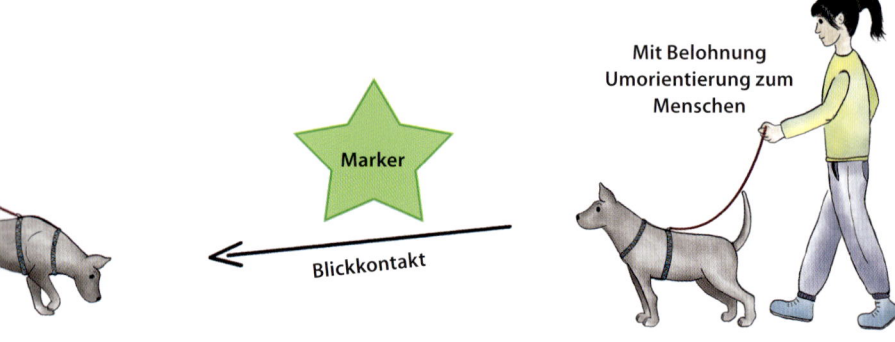

Für den ruhigen Blickkontakt zum anderen Hund folgt das Markersignal und eine an die Motivation des Hundes angepasste Belohnung. Außerdem sollte jedes deeskalierende Verhalten (siehe Esklalationsleiter), das der Hund von sich aus zeigt, durch eine Belohnung honoriert werden.

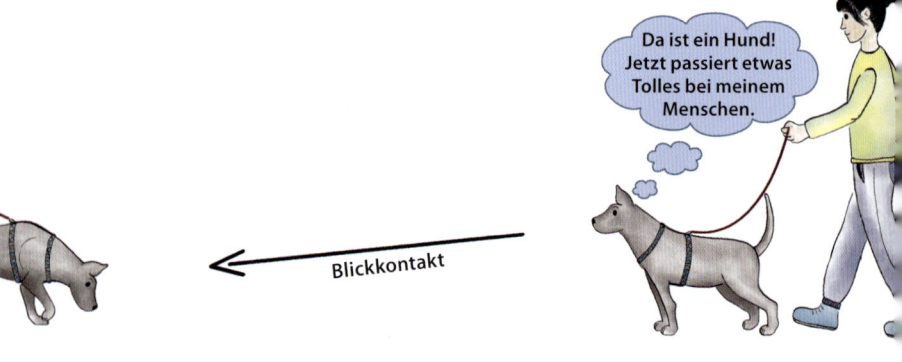

Nach erfolgreicher Gegenkonditionierung hat sich die Erwartungshaltung des Hundes geändert: der entgegenkommende Hund ist nun zur Ankündigung für etwas Tolles geworden.

Ziel des Trainings „Marker für Blick" ist, dass sich Ihr Hund selbstständig von dem Auslöser abwenden kann und Kontakt mit Ihnen sucht. Der andere Hund wird zum Signal, dass sich Ihr Hund Ihnen zuwendet.

Zeigt Ihr Hund dieses Verhalten, haben Sie einen großen Schritt im Training geschafft!

Wird Aggressions- oder Angstverhalten damit nicht verstärkt?

Auf diese Frage kann ich mit einem ganz klaren NEIN antworten. Emotionen und Gefühle verhalten sich anders als ein Verhalten. Positive Gefühle können durch weitere positive Dinge, die hinzukommen, noch positiver gemacht werden. Umgekehrt verhält es sich genauso.

Da Angst, Wut und Frust negative Gefühle sind, können sie durch Hinzufügen von etwas Angenehmen nicht verschlimmert werden. Im Gegenteil: die Stimmung wird aufgehellt und eine positive Stimmung entsteht.

Um sich das Ganze leichter vorstellen zu können, ein Beispiel aus der Mathematik:

Wenn man eine positive Zahl mit einer weiteren positiven Zahl addiert, kommt immer etwas Positives als Ergebnis heraus, das Gleiche auch umgekehrt:

$$3+4 = 7$$
$$-3+ (-4) = -7$$

Füge ich jedoch zu der negativen Zahl eine positive hinzu, wird das Ergebnis immer mehr ins Positive gerückt:

$$-3 + 4 = 1$$

Aggressionsverhalten kann durch Belohnungen nicht verschlimmert werden.

In ganz wenigen Fällen gibt es diese sehr schlauen Hunde, die verknüpfen „wenn ein anderer Hund kommt und ich belle, dann bekomme ich einen Keks". Diese Verknüpfung ist schlussendlich nicht falsch, denn die Erwartungshaltung unseres Hundes hat sich geändert, nämlich ins Positive. Der Hund zeigt das Bellen nicht mehr aus der Emotion Angst heraus, sondern aus einer komplett anderen Motivationsgrundlage. Jetzt können wir dem Hund leicht beibringen, dass nicht das Bellen das erwünschte Verhalten ist, sondern den Hund ruhig anzuschauen.

Und wenn die Distanz nicht groß genug gehalten werden kann oder ein Hund urplötzlich um die Ecke kommt?

Auch dann empfiehlt es sich, diese Trainingstechnik anzuwenden. Selbst wenn wir als Menschen keine Veränderung beim Hund wahrnehmen, bedeutet dies nicht, dass das Markersignal nicht die emotionale Schaltstelle im Hundehirn erreicht.

Marker für Blick ist ein Türöffner, der es uns ermöglicht, die Erwartungshaltung des Hundes zu verändern und ihn für neues Verhalten aufnahmefähig zu machen.

Im Alltag, aber auch im Training, kann es immer wieder passieren, dass der Auslöser sich plötzlich bewegt oder zu nahe kommt und Ihr Hund in das unerwünschte Verhalten fällt. Erste Anzeichen dafür können ein versteifter Körper, schnellere Atmung oder auch das Feststarren am Auslöser sein.

Ist es Ihnen nicht möglich, Distanz zu schaffen, können Sie Ihren Hund zuerst mit dem Entspannungssignal unterstützen, von seiner Erregungslage etwas herunterzufahren und anschließend durch Ausrufen seines Namens zur Umorientierung zu bewegen versuchen.

Sollte dies nicht klappen, weil sich Ihr Hund nicht mehr vom Anblick des Auslösers abwenden kann oder bereits in das unerwünschte Verhalten gerutscht ist, hilft der Geschirrgriff, um Ihren Hund aus der Situation zu bringen (siehe Notfallmaßnahmen).

Wichtig! Verhalten Sie sich weiterhin ruhig und versuchen Sie, sich mit der Baumübung innerlich zu festigen. Fahren Sie weiterhin mit der Gegenkonditionierung fort. Kann Ihr Hund vor Aufregung kein Futter annehmen, loben Sie ihn nur verbal.

Bemerken Sie, dass das Erregungsniveau Ihres Hundes wieder etwas gesenkt ist, starten Sie das Training erneut.

Zeigen und Benennen

Stellen Sie sich vor: Sie laufen mit einem Freund am Feldrand spazieren. Plötzlich hören Sie es laut im Maisfeld rascheln, doch Sie können nichts erkennen. Sie werden unsicher und bekommen ein ungutes Gefühl. Sie können nicht deuten, was da auf Sie zukommt. Ein Mensch? Ein Wildschwein? Ein Reh? Diese Unsicherheit lässt Ihren Puls nach oben schnellen, Ihr Herz beginnt schneller zu schlagen. Springt nun urplötzlich ein Mensch aus dem Maisfeld, erschrecken Sie sich halb zu Tode und reagieren mit großer Wahrscheinlichkeit gereizt.

Nun die gleiche Situation mit einer kleinen Änderung. Sie wissen nicht, was da im Maisfeld ist, doch Ihr Freund ist größer als Sie und erkennt einen Menschen. Er gibt Ihnen die Information, dass da ein Mensch im Maisfeld ist. Jetzt sind Sie darauf vorbereitet, als der Mensch plötzlich aus dem Maisfeld kommt. Sie erschrecken nicht, Sie sind nur etwas vorsichtig.

Kennen wir den Namen eines Auslösers, macht uns das weniger Angst. Unseren Hunden geht es nicht anders. Denn wenn man weiß, was auf einen zukommt, kann man sich vorbereiten, mental und körperlich.

Indem wir dem Auslöser einen Namen geben, beziehen wir uns als Menschen effektiv in die Umwelt des Hundes mit ein und nehmen die Führungsrolle ein.

Die Aufmerksamkeit des Hundes wird bewusst auf den Auslöser gelenkt und kündigt diesen an. Wir verknüpfen also den Auslöser „Hund" mit einem Namen, z. B. „Hund". Immer wenn unser Hund nun einen anderen Hund wahrnimmt, belegen wir diesen mit dem Namen „Hund".

Der Aufbau von Zeigen und Benennen:

Haben wir es geschafft, dass unser Hund einen anderen Hund für mindestens drei Sekunden ruhig ansehen kann, können wir den Auslöser benennen.

Schaut Ihr Hund zum anderen Hund hin, betiteln Sie diesen mit „Hund" und lassen danach das Markersignal und eine Belohnung folgen. Dreht Ihr Hund seinen Kopf erneut zu dem anderen Hund, kann die Vokabel wiederholt werden.

> **Wichtig!**
> *Ihr Hund sollte es mindestens drei Sekunden lang schaffen, ruhig zu dem anderen Hund zu blicken. Benennen wir den Auslöser vorher, wird zusätzlich mit dem Namen Aufregung verknüpft.*

Mit Hilfe dieser Übung schaffen wir es also, die emotionale Grundlage unseres Hundes weiter zum Positiven zu verändern. Sie stärkt außerdem seine Impulskontrolle, nicht sofort loszustürmen, fördert das erwünschte Verhalten Stehenbleiben und nimmt die Schrecksekunde.

Zeigen und Benennen gibt dem Hund Informationen
- über die Umwelt,
- das gemeinsame Handeln mit dem Menschen,
- über die aktuelle Stimmung.

Wir schaffen es, dass sich unser Hund aktiv mit der Umwelt auseinandersetzt und seine Aufmerksamkeit zu teilen lernt.

Anwendung im Alltag:

Zeigen und Benennen kann toll als Spiel mit dem Hund fungieren. Wir sehen weiter entfernt einen Hund und fragen unseren Hund direkt: „Wo ist der Hund?" Unser Hund sucht ihn und zeigt ihn an, etwas Positives folgt.

Ursache: auftauchender Hund – Verhalten: Hund sieht ruhig zum anderen Hund – Benennung: »Hund« – Marker – Konsequenz: Belohnung

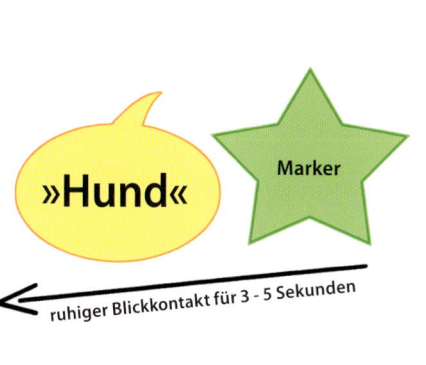

»Hund«

Marker

ruhiger Blickkontakt für 3 - 5 Sekunden

Mit Belohnung Umorientierung zum Menschen

Die Gegenkonditionierung wurde aufgegriffen und unser Hund nimmt den anderen Hund als etwas Positives wahr.

Eine weitere sehr gute Anwendung ist, dass es unserem Hund die Schrecksekunde nimmt. Gehen wir mit unserem Hund die Straße entlang und bemerken, dass um die Ecke gleich ein Hund kommt, können wir unseren Hund mental darauf vorbereiten, indem wir ihm ankündigen „Da kommt ein Hund." Nun ist er darauf eingestimmt, dass bald ein Hund kommt und die erste emotionale Reaktion ist genommen.

Alternativverhalten einbinden

Hunde haben immer eine Strategie, wie sie mit Situationen umgehen. Bis jetzt haben wir die emotionale Grundlage unserer Hunde verändert, die teilweise schon erwünschtes Verhalten nach sich gezogen hat – zum Beispiel den Menschen angucken in Erwartung einer Belohnung oder sich selbstständig vom Auslöser umorientieren.

Das sind schon sehr wünschenswerte Verhaltensweisen, sie sind jedoch noch nicht stark genug, um als neue Strategie in das Hundehirn zu gelangen.

Je mehr Strategien unser Hund in einer auslösenden Situation lernt, umso größer ist die Chance, dass er eine von uns gewünschte anwendet. Somit machen wir das Verhalten widerstandsfähiger gegen einen Rückfall.

Aufbau und Anwendung

Um das Alternativverhalten aufzubauen, schieben wir dieses zwischen das Markersignal und die Belohnung. Dadurch erreichen wir, dass unser Hund den Auslöser mit einem bestimmten Signal verknüpft. Wir machen also den Auslöser zu einem

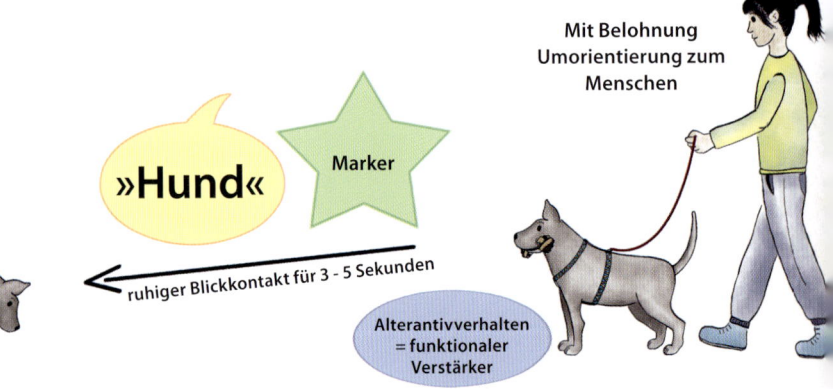

Das Alternativverhalten findet seinen Platz zwischen dem Markersignal und der Belohnung.

Signal für den Hund, ein bestimmtes Verhalten zu zeigen.

Die gängigsten Alternativverhalten

Alle Verhaltensweisen, die positiv aufgebaut worden sind, eignen sich als Alternativverhalten. Das nachfolgende Alternativverhalten soll als funktionaler Verstärker dienen und wenn möglich, deeskalierend und entspannend für den Hund wirken. Nur dann hält das Alternativverhalten auch, was es verspricht.

Handtouch

Der Handtouch ist ein tolles Hilfsmittel, das unseren Hund einerseits eine Aufgabe gibt, ihm aber gleichzeitig die Möglichkeit lässt, den anderen Hund weiterhin wahrzunehmen.

Es hilft dem Hund seine Aufmerksamkeit zu teilen und sich nicht nur auf den Auslöser zu fixieren.

Außerdem gibt der Handtouch uns die Möglichkeit, unseren Hund aus der Situation herauszuführen.

Um den Handtouch aufzubauen, strecken Sie Ihrem Hund Ihre flache Hand entgegen. Platzieren Sie Ihre Hand so, dass Ihr Hund sich nicht viel bewegen muss, um Ihre Hand zu berühren. Blickt Ihr Hund zu Ihrer Hand oder stupst sie sogar kurz an, markieren und belohnen Sie dies sofort. Geben Sie die Belohnung aus der anderen Hand und nehmen die ausgestreckte wieder zurück. Jetzt wiederholen Sie das Ganze.

Klappt das einige Mal gut, bleibt der Bewegungsreiz der Hand aus und Sie lassen die Hand an Ort und Stelle. Berührt Ihr Hund Ihre Hand ein weiteres Mal, markieren und belohnen Sie dies erneut. Sollte er nicht wieder hinstupsen, wiederholen Sie den ersten Schritt.

Von jetzt an können Sie beginnen, die Position der Hand zu verändern. Positionieren Sie die Hand links von Ihnen, danach rechts. Zeigt Ihr Hund auch hier das Anstupsen der Hand zielsicher, ist es Zeit, das Wortsignal dafür einzuführen:

Signal für Handtouch sagen – Hand präsentieren – Hund stupst Hand an – Marker und Belohnung

Damit Sie Ihren Hund auch mit Hilfe des Handtouchs aus Situationen herausführen können, muss er lernen, Ihrer Hand zu folgen.

Steigern Sie also die Distanz zu Ihrem Hund, wenn Sie ihm Ihre Hand zum Handtouch präsentieren.

Zeigt er das erwünschte Verhalten auch hier zuverlässig, beginnen Sie mit der Folgeübung. Während Ihr Hund auf Ihre Hand zuläuft, bewegen Sie sich einige Schritte weiter. Ist Ihr Hund dann bei Ihrer Hand angelangt, folgen wiederum Marker und Belohnung.

Lenni stupst begeistert in die Hand.

Bei Hundebegegnungen können Sie den Handtouch und das Folgen Ihrer Hand als gute Alternative einsetzen. Fordern Sie Ihren Hund nach dem Markersignal auf, den Handtouch zu zeigen und helfen Sie ihm dadurch durch die Situation.

Begegnung zweier Mensch-Hund-Teams. Sabine markiert Caruso für den Blickkontakt zu Barni.

Nach dem Markersignal schwenkt Sabine mit Caruso seitlich ab.

Lisa fordert Alma zum Handtouch auf und Alma lässt Samuel ruhig passieren.

Bogen laufen oder Seite wechseln

Bei höflichen Hundebegegnungen bewegen sich die Hunde nicht frontal, sondern in einem kleinen Bogen aufeinander zu. Durch dieses Verhalten wird die Situation deeskaliert.

Nach dem Marker für Blick beginnen Sie einen Bogen um den anderen Hund zu laufen.

Gerne darf Ihr Hund noch ein Stückchen Futter als zusätzliche Belohnung bekommen. Dies wirkt meist als emotionales i-Tüpfelchen.

Nicole ist mit Barni ein Stück vorbei und Sabine geht mit Caruso wieder auf den Weg.

Sabine und Caruso laufen einen Bogen um die beide, um ihnen nicht frontal begegnen zu müssen.

Hunde sehen sich – Marker – Beginn Bogen laufen = Alternativverhalten und funktionale Belohnung (Distanz)

Bogen laufen ist eine freundliche Geste unter Hunden.

Reicht der Platz für einen größeren Bogen nicht aus, hilft der Seitenwechsel dem Hund, dennoch etwas mehr Distanz zwischen sich und dem Auslöser zu bekommen.

Führen Sie Ihren Hund mit Hilfe des Handtouches auf Ihre andere Seite. Auch hier darf gerne noch mit einem Stück Futter zusätzlich belohnt werden.

Der Seitenwechsel schafft Distanz.

 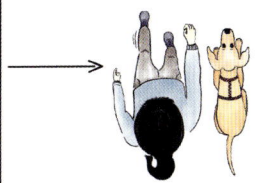

Distanzvergrößerungen wie das Bogenlaufen oder der Seitenwechsel sind in vielen Situationen ein funktionaler Verstärker. Sie ermöglichen dem Hund eine Distanzvergrößerung und eine frontale Annäherung wird verhindert.

Bogenlaufen und der Seitenwechsel sind jedoch nur dann eine Belohnung, wenn der Hund auch wirklich Distanz zum Auslöser möchte. Zeigt Ihr Hund Leinenaggression, weil er gefrustet ist, würde die Distanzvergrößerung eher bestrafend auf ihn wirken.

Nachschnüffeln

Das Nachschnüffeln gibt dem Hund die Möglichkeit, Kontakt zum anderen Hund aufzunehmen, ohne ihm dabei zu nahe zu kommen.
Nachdem Ihr Hund ruhiges Verhalten bei einer Begegnungssituation gezeigt hat, gehen Sie mit ihm als Belohnung zu dem Ort, an dem der Hund gelaufen ist und lassen ihn die Spur nachschnüffeln.

Das Nachschnüffeln ist ein tolles Alternativverhalten für Hunde, die gerne mit dem anderen Hund Kontakt aufnehmen möchten.

Deeskalierendes Sitzen und Abschirmen

Sitzen verändert die Körperhaltung des Hundes und damit auch seine Kommunikation zum anderen Hund.
Beim deeskalierenden Sitzen zeigt die Rückseite unseres Hundes zum Auslöser. Durch dieses Verhalten wird dem Gegenüber signalisiert, dass kein Stress und auch keine Kontaktaufnahme erwünscht sind.
Schirmen Sie Ihren Hund vor dem Auslöser ab, stellen Sie eine Barriere zwischen Ihrem und dem fremdem Hund dar und schaffen dem Hund Distanz. Sie stehen beim Abschirmen direkt vor Ihrem Hund und haben so die Möglichkeit, den Auslöser fernzuhalten.

Bei beiden Varianten darf Ihr Hund immer wieder zum Auslöser schauen und sich mit diesem bewusst auseinandersetzen. Beginnt Ihr Hund intensiver und langandauernd zum anderen Hund Blickkontakt aufzunehmen, len-

Nachschnüffeln lässt ein wenig Kontakt mit dem Artgenossen zu.

ken Sie seine Aufmerksamkeit wieder zu Ihnen.

Damit Ihr Hund auch ruhig sitzen kann, während ein anderer Hund passiert, ist es wichtig, das sichere Sitzen intensiv zu üben.

Üben Sie das schnelle Ausführen des Signals „Sitz" unter verschiedenen Bedingungen. Setzt sich Ihr Hund zügig hin, egal ob Sie vor, hinter oder neben ihm stehen, können Sie weitere Ablenkungen einführen.

Alma bekommt ihren Ball von Lisa zum Tragen.

Alma trägt während der Hundebegegnung ihren Ball an Samuel vorbei.

Warum ist ein „Schau den Menschen an" keine sinnvolle Lösung?

Soll der Hund in einer auslösenden Situation nur seinen Menschen anschauen, wäre das, als hätte er Scheuklappen auf. Er kann den Auslöser nicht wahrnehmen, weiß nicht, was auf ihn zukommt und wird folglich nervöser.

Hunde, die unbedingt zum Kontaktaufnehmen zum anderen Hund gehen möchten, werden frustrierter, Hunde die Angst haben, werden ängstlicher.

Etwas tragen
Hunden, die unbedingt mit dem anderen Hund spielen möchten, kann es helfen, wenn sie aktiv etwas zu tun bekommen.

Bringen Sie Ihrem Hund bei, auch über längere Zeit etwas zu tragen. Hier eignet sich beispielsweise ein keiner Dummy, ein Ball oder ein Zergel.

Stellen Sie sich vor, Sie gehen in der Stadt spazieren und ein Fahrradfahrer kommt Ihnen entgegen. Ihr Partner verhindert aber, dass Sie weiterhin hinschauen können. Sie sehen nicht, wo und wie schnell der Fahrradfahrer fährt. Vor lauter Aufregung gehen Sie einen Schritt zur Seite, Sie möchten ausweichen, doch genau in diesem Moment fährt der Fahrradfahrer an Ihnen vorbei. Es kracht. Hätten Sie hinsehen dürfen, hätten Sie die Situation wahrgenommen und richtig reagiert.

Wichtig!
Bitte verlangen Sie das Alternativverhalten nicht auf Biegen und Brechen von Ihrem Hund. Sollte er aus irgendeinem Grund das geforderte Signal in der Situation nicht ausführen können, gehen Sie auf Marker für Blick zum anderen Hund über.

Notfalllösungen und Management

Es kommt plötzlich ein Hund um die Ecke und unser Hund poltert los.

Wir gehen auf einem schmalen Weg spazieren und uns kommt ein anderer Hund entgegen. Für unseren Hund ist der Weg noch zu schmal, um an dem fremden Hund ruhig vorbeizugehen.

Wir gelangen in eine Situation, die unausweichlich ist und wir mit unserem Hund hindurch müssen.

Was kann man hier tun?

Im Leben gibt es immer wieder Situationen, denen wir oder auch unsere Hunde noch nicht gewachsen sind. Für diese Situationen ist es gut, einen Notfallplan parat zu haben.

Notfalllösungen und auch Managementmaßnahmen sind wichtig und sinnvoll, wenn wir mit dem Training mit unserem Hund begonnen haben und wir in unvorhergesehene Situationen mit unserem Hund hineinschlittern.

Haben Sie das Training mit Ihrem Hund begonnen, ist es wichtig, dass das unerwünschte Verhalten Ihres Hundes nicht mehr ausgelöst wird, damit ein Umlernen effektiv stattfinden kann.

Die folgenden Übungen sind für den Fall der Fälle gedacht oder als Management- und Notfalllösung. Sie verändern mit diesen Übungen das unerwünschte Verhalten Ihres Hundes nicht, verschlimmern es jedoch auch nicht.

Der Geschirrgriff – das Universal-Abbruchsignal

Mit einem gut aufgebauten Geschirrgriff haben Sie ein Werkzeug parat, das Ihnen in Notfallsituationen sehr zur Hilfe kommt. Der Geschirrgriff ist ein Signal, das das Verhalten des Hundes unterbricht und die Aufmerksamkeit wieder zu Ihnen lenkt.

Beim Geschirrgriff handelt es sich um eine starke Bewegungseinschränkung, was wiederum einen sauberen Aufbau voraussetzt.

Der Aufbau:

Suchen Sie sich ein Wort aus, mit dem Sie den Geschirrgriff verknüpfen möchten. Bewährt haben sich hier „Stopp" oder „Halt", weil diese Wörter in brenzligen Situationen schnell gerufen werden können.

Der Aufbau des Geschirrgriffs erfolgt in zwei Stufen.

Stufe 1:

Sie befinden sich neben Ihrem Hund und sagen deutlich das neue Signal „Stopp". Nun warten Sie eine Sekunde und greifen dann seitlich in das Geschirr Ihres Hundes.

Führen Sie Ihren Hund am Halsband, greifen Sie alternativ dort hinein.

Markieren Sie das mit dem Markersignal und halten währenddessen das Geschirr weiterhin fest. Nun geben Sie Ihrem Hund ein Stückchen Futter. Hat er das Futter hinuntergeschluckt, können Sie das Geschirr wieder loslassen.

Warum ankündigen und eine Sekunde Pause geben?
Ziel des Geschirrgriffs ist, dass der Hund sich auf die bloße Ankündigung zurücknimmt. Würden Sie gleichzeitig das Wort sagen und in das Geschirr greifen, kann Ihr Hund diese beiden Reize nicht miteinander verknüpfen (siehe Kapitel klassische Konditionierung).

Warum solange festhalten, bis der Hund das Futter hinuntergeschluckt hat?
Der Hund soll den Griff sowie das Halten des Geschirrs als etwas Positives betrachten. Deshalb endet der Griff in das Geschirr gleichzeitig mit dem Ende des Futters.

Warum Futter von hinten geben?
In stressigen und aufregenden Situationen kann ein Griff in das Geschirr des Hundes bei diesem noch höhere Erregung auslösen. Manche Hunde drehen sich sogar um und schnappen vor lauter Aufregung nach ihrem Menschen.

Dadurch, dass der Hund nach Aufbau des Geschirrgriffs Futter von hinten erwartet, wird dieser rückgerichteten Aggression vorgebeugt.

Der Griff in das Geschirr sollte seitlich am Halsbereich des Hundes erfolgen.

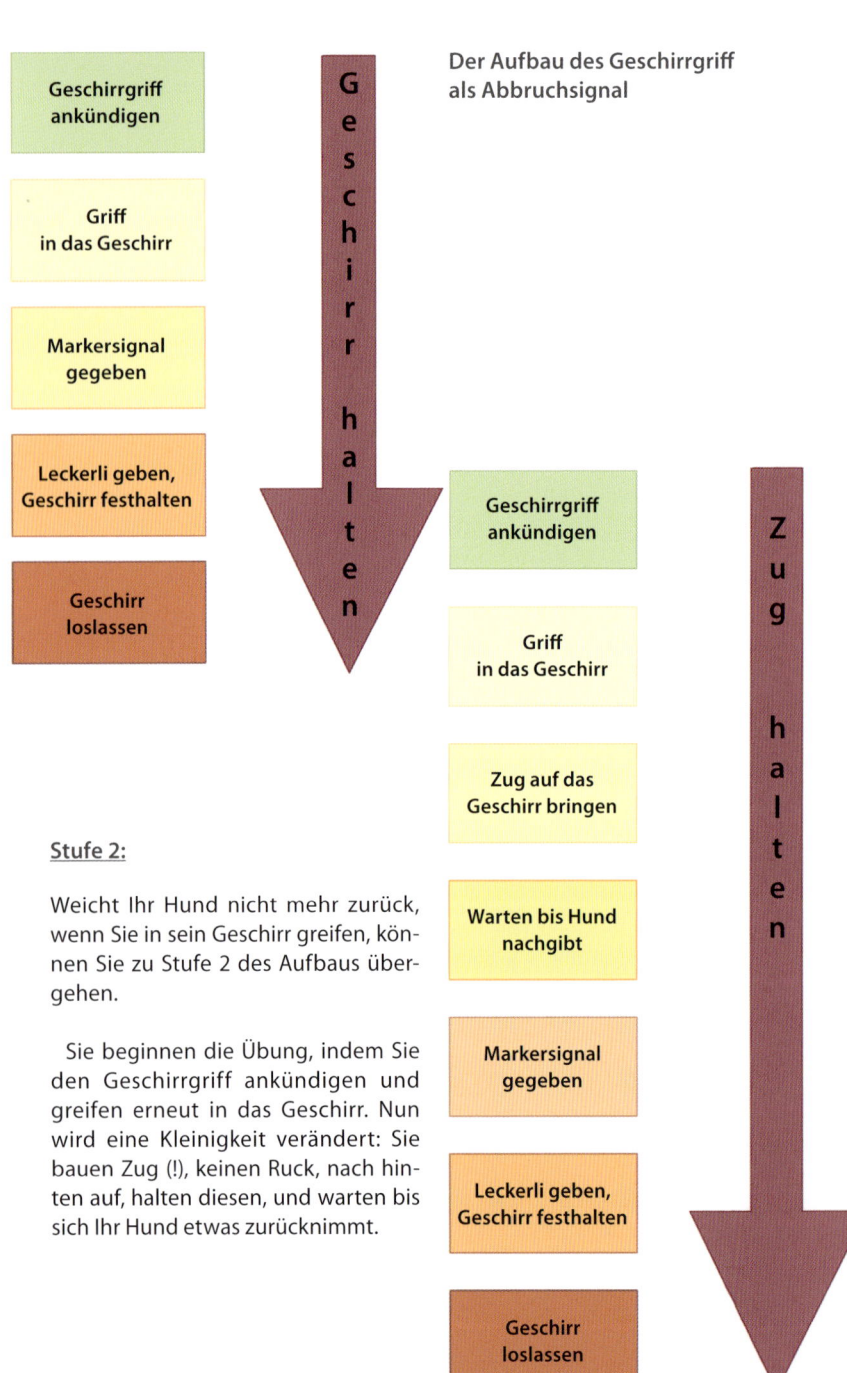

Der Aufbau des Geschirrgriff als Abbruchsignal

Geschirrgriff ankündigen

Griff in das Geschirr

Markersignal gegeben

Leckerli geben, Geschirr festhalten

Geschirr loslassen

G e s c h i r r   h a l t e n

Geschirrgriff ankündigen

Griff in das Geschirr

Zug auf das Geschirr bringen

Warten bis Hund nachgibt

Markersignal gegeben

Leckerli geben, Geschirr festhalten

Geschirr loslassen

Z u g   h a l t e n

Stufe 2:

Weicht Ihr Hund nicht mehr zurück, wenn Sie in sein Geschirr greifen, können Sie zu Stufe 2 des Aufbaus übergehen.

Sie beginnen die Übung, indem Sie den Geschirrgriff ankündigen und greifen erneut in das Geschirr. Nun wird eine Kleinigkeit verändert: Sie bauen Zug (!), keinen Ruck, nach hinten auf, halten diesen, und warten bis sich Ihr Hund etwas zurücknimmt.

Sabine baut Zug auf Carusos Geschirr auf. Er stemmt sich noch etwas gegen den Zug, Ohren und Kopf werden jedoch schon etwas nach hinten gerichtet.

Manchmal kann es vor allem zu Beginn etwas dauern, bis sich Ihr Hund bewusst zurücknimmt. Er muss erst lernen, den Oppositionsreflex zu überwinden. Geben Sie ihm die Zeit, die er braucht.

Caruso dreht sich komplett zu Sabine um ...

Dieses Zurücknehmen kann am Anfang sein: Körperschwerpunkt wird nach hinten verlagert, die Ohren gehen zurück, eine Pfote wird zurückgenommen etc. Dieses Zurücknehmen markieren Sie, halten das Geschirr weiterhin fest und geben Ihrem Hund ein Stück Futter. Hat er es hinuntergeschluckt, können Sie das Geschirr wieder loslassen.

... und folgt ihr aus der Konfliktsituation heraus.

Ich nutze den Geschirrgriff beim Thema Hundebegegnungen beispielsweise, wenn mein Hund gerade lostobt wie Godzilla und kaum mehr ansprechbar ist.

Nach Ankündigung des Geschirrgriffs greife ich in das Geschirr des Hundes und baue Zug nach hinten auf. Mein Hund nimmt sich zurück, frustet dabei aber nicht oder gebärdet sich noch intensiver.

Befindet sich Ihr Hund weiter von Ihnen entfernt, können Sie sich nach Ankündigung des Geschirrgriffs an der Leine zu ihm vorhangeln:

Sabine hangelt sich an gestraffter Leine zu Caruso vor.

Die Leine wird dabei immer straff gehalten.

Bei Caruso angekommen greift Sabine in das Geschirr.

Der Geschirrgriff ist ein positiv aufgebautes Stopp-Signal, das nicht nur beim Thema Hundebegegnungen eingesetzt werden kann. Auch beim Training zur Kontrolle von unerwünschtem Jagdverhalten oder allen anderen Verhaltensweisen, die ich gerne unterbrechen möchte, kann der Geschirrgriff eingesetzt werden.

Zudem bringen wir dem Hund bei, dass es nichts Schlimmes bedeutet, wenn Frauchen oder Herrchen in das Geschirr greift.

Lass uns gehen – U-Turn

Das Lass uns gehen, oder auch U-Turn genannt, beschreibt einen Richtungswechsel in U-Form weg vom Auslöser. Ziel dieser Übung ist es, den Hund so schnell wie möglich aus einer Situation herauszubekommen, wie etwa dass die Distanz zum Auslöser zu gering war oder unerwünschtes Verhalten, beispielsweise auf engen Wegen, verhindert werden soll.

Mit Hilfe dieser Übung werden gleich mehrere Fliegen mit einer Klappe geschlagen:

• Die Distanz zum Auslöser wird schnell verringert.
• Der Blickkontakt zum Auslöser wird unterbrochen.
• Unerwünschtes Verhalten kann dadurch sehr leicht verhindert werden.

Der Aufbau:

Überlegen Sie sich ein Wort, das für den Hund zukünftig bedeutet, dass er mit Ihnen schnell und zügig in eine andere Richtung läuft. Gut wäre beispielsweise „Turn" oder „Kehrt".

<u>Stufe 1:</u>

Sie laufen mit Ihrem Hund an lockerer Leine geradeaus und halten in der gegenüberliegenden Hand ein tolles Leckerli oder ein Spielzeug. Jetzt sagen Sie das neue Signal „Turn" und präsentieren Ihrem Hund mit dem ausgestreckten Arm das Superleckerli. Gehen Sie dabei leicht in die Knie und drehen sich in die entgegengesetzte Richtung 180° von Ihrem Hund weg.

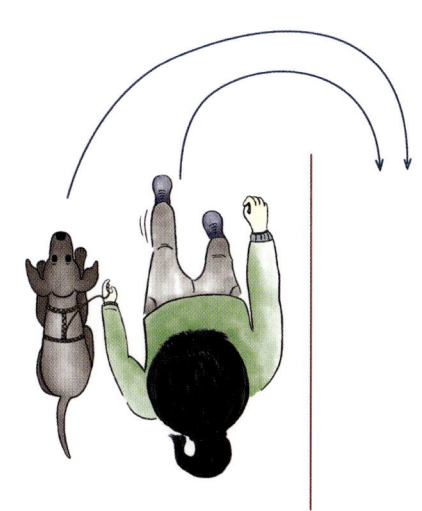

180° Wendung weg vom Auslöser

Folgt Ihr Hund, markieren Sie dieses Verhalten und geben ihm das Leckerli.

Anett motiviert Caspar mit Hilfe eines Leckerlis.

Caspar folgt aufmerksam und Anett beginnt mit der U-Form

Caspar läuft um Anett herum.

Annett und Caspar haben eine U-Form ausgeführt.

Annett und Caspar laufen weiter in die entgegengesetzte Richtung, heraus aus der Konfliktsituation.

Stufe 2:

Folgt Ihr Hund schon begeistert, wenn Sie das Signal rufen, sind Sie beide bereit für die nächste Stufe.

Rufen Sie das Signal „Turn" und strecken Sie Ihren Arm wie gewohnt aus und drehen sich dabei weg von Ihrem Hund. Der Unterschied nun ist jedoch, dass Sie kein Futter mehr in der Hand haben.

Folgt Ihr Hund, markieren Sie dieses Verhalten erneut und geben ihm wieder ein Leckerli.

Klappt dies auch gut, dann können Sie den U-Turn weiter ausbauen.

Üben Sie ihn in alle und aus allen Richtungen sowie aus größerer Distanz zum Ihrem Hund.

Ich nutze diese Übung vor allem beim Spaziergang, wenn uns Hunde begegnen, der Weg aber zu eng ist, um auszuweichen. So bekomme ich meinen Hund schnell und positiv aus der Situation.

Aber auch, wenn man im Training die Distanz versehentlich zu schnell verringert hat und der Hund auf den Auslöser zu reagieren beginnt, habe ich so die Möglichkeit, meinen Hund schnell aus der Situation herauszuholen.

Open Bar

Nun gibt es auch hin und wieder Situationen, die weder einen Rückzug noch Ausweichen erlauben.

Hier betreibe ich wirklich reines Management und halte meinem Hund eine Handvoll Futter unter die Nase.

Sheila darf so lange an den Leckerlis herumknabbern, bis der Auslöser vorbei ist.

Weitere Übungen
– für Gruppenstunden geeignet

Nachfolgende Übungen helfen Hundebegegnungen in der Gruppe richtig zu üben, aber auch den Alltag entspannter zu gestalten.

Das parallele Laufen

Diese Übung ist vor allem für Trainingsspaziergänge oder die sogenannten Social Walks gedacht. Der Hintergrund dieser Übung ist die Ermöglichung einer ausreichenden Distanz zum anderen Hund und die aktive Auseinandersetzung mit diesem.

Stellen Sie sich mit einem anderen Hundehalter und dessen angeleintem Hund parallel zueinander auf, wählen Sie dabei eine Distanz, die für beide Hunde angenehm ist. Der Abstand kann zu Beginn durchaus groß sein und sich während der Trainingseinheit verringern.

Nun laufen Sie gemeinsam los. Fangen Sie jedes erwünschte Verhalten Ihres Hundes während der Übung ein: kurzer Blick zum anderen Hund, Kopf abwenden, am Boden schnüffeln – kurz gesagt, jedes deeskalierende Verhalten (siehe grüne Trainingszone).

Verringern Sie die Distanz erst, wenn beide Hunde entspannt in der gewählten Distanz nebeneinander laufen können.

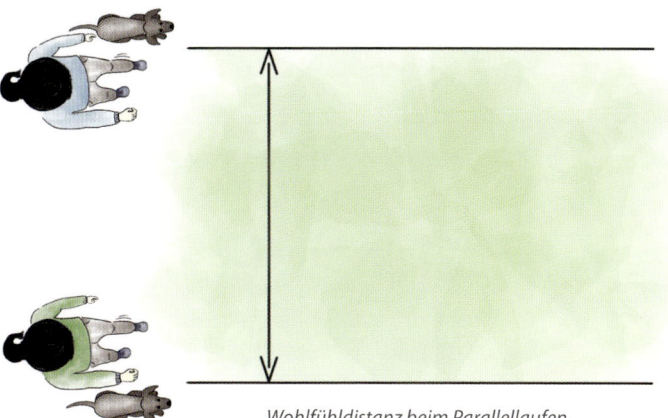

Wohlfühldistanz beim Parallellaufen.

**Beginnen Sie das Training immer mit der Aufstellung
Hund – Mensch – Mensch – Hund**

*Manfred mit Samuel und
Sabine mit Caruso beginnen
das Parallellaufen in einiger
Distanz.*

*Nach einiger Zeit können
beide die Distanz verringern.
Die Menschen fungieren hier
immer noch als Barriere zwischen den Hunden.*

Eine weitere Steigerung wäre, wenn nur noch ein Mensch zwischen den Hunden läuft. Hund – Mensch – Hund – Mensch

Nach etwas Übung läuft nun Caruso in der Mitte der beiden Menschen. Die Distanz zu Samuel wurde weiter verringert.

Befindet sich der Mensch zwischen den Hunden, hat das eine splittende Funktion – Sie stellen eine Barriere zwischen den Hunden dar, was Sicherheit spenden kann.

Für fortgeschrittene Mensch-Hund-Teams oder Teams, die sich schon länger kennen, kann die schwierige Variante Mensch – Hund – Hund – Mensch ausprobiert werden.

Beide Hunde sind entspannt in der Nähe des jeweils anderen und können nun direkt nebeneinander laufen.

Fixierte Aufmerksamkeit

Die Übung fixierte Aufmerksamkeit ist eine Vorstufe des Pendeltrainings.

Hier befindet sich ein Hund ruhig stehend an einem Ort. Weiter entfernt beginnen Sie sich mit Ihrem Hund in Schlangenlinien auf den anderen Hund zuzubewegen. Vorwärtsgegangen wird jedoch nur, wenn Ihr Hund ruhig und entspannt weiterläuft und deeskalierende Signale zeigt. Markieren Sie diese subtilen Signale Ihres Hundes und belohnen Sie diese.

Bewegen Sie sich in Schlangenlinien auf den anderen Hund zu.

Mit dieser Übung entscheidet Ihr Hund ganz genau, wann etwas zu viel ist. Außerdem kitzeln Sie die kleinen Feinheiten der Körpersprache wieder heraus. Zudem verringern Sie das schnelle Annähern unter Hunden.

Beginnt Ihr Hund vermehrt Stressverhalten zu zeigen, nehmen Sie wieder etwas mehr Abstand.

Lisa steht mit Alma ruhig da, Sabine startet mit Caruso in Schlangenlinien auf Alma zu.

Caruso nähert sich Alma, Alma hält Rücksprache mit Lisa.

Sabine wartet auf ein deeskalierendes Signal von Caruso und tritt dann den Rückzug an.

Sabine führt Caruso mit Hilfe Ihrer Körpersprache in Bögen weiter.

Das Pendeltraining

Das Pendeltraining ist hilfreich, wenn ein enger Weg vor Ihnen liegt und ein Ausweichen nicht möglich ist.

Frontales Aufeinanderzugehen ist für viele Hunde eine Drohgeste und wird deshalb falsch verstanden. Durch die Schlangenlinien sind immer wieder Distanzvergrößerungen, aber auch Distanzverringerungen gegeben. Dadurch kommt diese Übung Hunden zu Gute, die Abstand zum anderen Hund möchten, aber auch Hunden, die Kontakt suchen.

Das Erregungsniveau des Hundes wird hierbei relativ niedrig gehalten, da der funktionale Verstärker (Distanz bekommen bzw. näher kommen) immer wieder greift.

Das Pendeltraining kann in drei Varianten unterteilt werden:

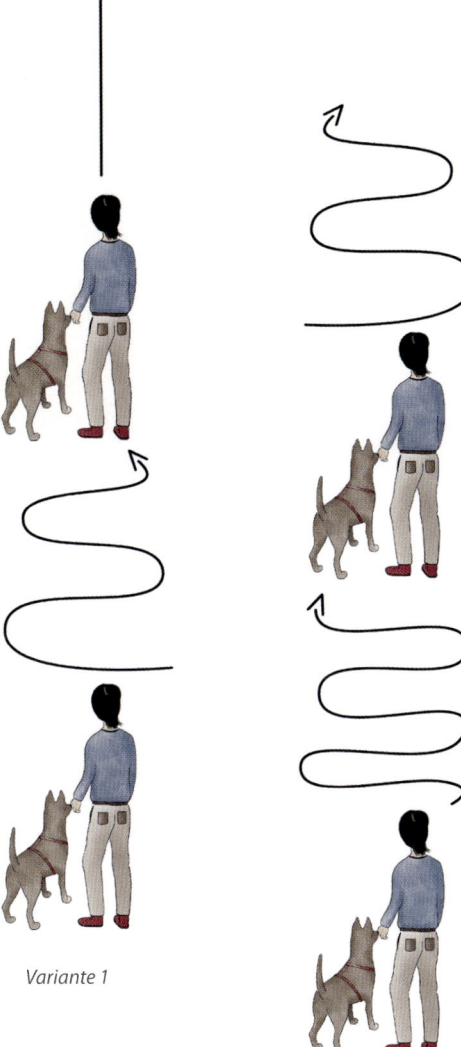

Variante 1

Variante 2

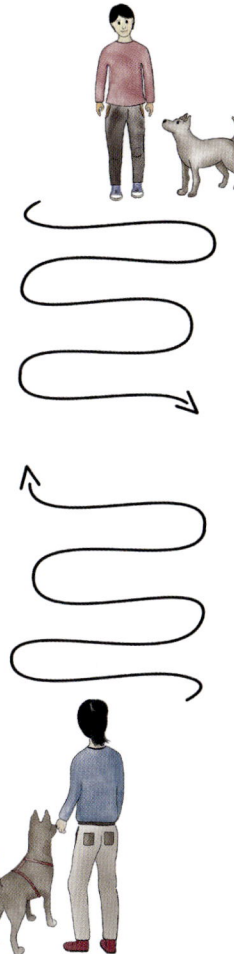

Variante 3

Während des Pendeltrainings achten Sie auch hier auf die subtilen Signale Ihres Hundes. Markieren Sie jedes deeskalierende Verhalten Ihres Hundes und loben Sie ihn.

Möchte Ihr Hund gerne schnell Kontakt zu dem anderen Hund aufnehmen, markieren Sie den Blickkontakt zum anderen Hund und gehen Sie als Belohnung wieder etwas näher auf den anderen Hund zu.

Sucht Ihr Hund hingegen Distanz zum anderen Hund, markieren Sie die Stelle, kurz bevor Sie mit den Schlangenlinien wieder etwas Abstand zwischen Ihren und dem fremden Hund bringen.

Beginnen Sie in einer Entfernung zwischen den Hunden, die für beide entspannend ist.

Beginnen Sie das Pendeltraining immer, indem beide Hunde in die gleiche Richtung laufen, also ein Hund hinter dem anderen her.

Je nach Trainingsstand können Sie die Varianten abwechseln.

Arbeit mit Targets

Targets sind ein gutes Hilfsmittel, um die Annäherung an einen Auslöser zu erleichtern. Unser Hund bekommt ein Ziel und eine Aufgabe vorgegeben, die ihm hilft, sich nicht nur auf den Auslöser zu fixieren.

Fordern Sie Ihren Hund auf, zu dem Target zu laufen.

Je nachdem, wie er sich entscheidet, haben Sie eine Auskunft, ob diese Distanz für Ihren Hund machbar ist.

Der Target als Hilfe zur Aufmerksamkeitsteilung.

Wann was – der Überblick

Was?	Wann?	Warum?
Markersignal	sofort, immer	eindeutige und exakte Kommunikation
Entspannung	sofort, immer	senkt Erregungsniveau, hilft ansprechbar zu werden
U-Turn Geschirrgriff Open Bar	sofort, in Notsituationen, wenn Hund unerwünschtes Verhalten zeigt	Management und Notfallsituation
Marker für Blick	sofort, immer wenn Hund den Auslöser wahrnimmt	Türöffner Gegenkonditionierung spricht emotionnale Ebene an Änderung der Erwartungshaltung
Zeigen und Benennen	3 - 5 Sek. ruhiger Blickkontakt zum Auslöser	erneute Gegenkonditionierung, nimmt Schrecksekunde, Spiel mit Auslöser
Alternativverhalten	3 - 5 Sek. ruhiger Blickkontakt zum Auslöser	neue Strategie

Im Überblick: Das Training

Marker für Blick
Der Hund darf zum Auslöser schauen und sich damit auseinandersetzen.
Marker für den Blickkontakt zum Auslöser.
Es wird eine emotionale Veränderung beim Hund erzielt.
Keine Verschlimmerung von Angst- und Aggressionsverhalten.

Zeigen und Benennen
Dem Auslöser einen Namen geben.
Der Hund sieht Auslöser für mindestens drei Sekunden ruhig an.
Man nimmt ihm die Schrecksekunde im Alltag.

Alternativverhalten
Neue Strategie zum Umgang mit Konflikten.
Handtouch
Bogen laufen und Seitenwechsel
Nachschnüffeln
Etwas tragen
Deeskalierendes Sitzen

Notfalllösungen
Geschirrgriff – das Universal-Abbruchsignal
U-Turn
Open Bar

Gruppenübungen
Parallel laufen
Fixierte Aufmerksamkeit
Pendeltraining
Targettraining

Überwinden der Leinenaggression im Mehrhundehaushalt

Das Leben mit mehreren Hunden ist wunderschön. Doch ein kleines Problem mit einem Hund kann bei mehreren Hunde schnell zu einem sehr großen Problem werden.

Lebt man mit mehreren Hunden zusammen, kommt es nach einiger Zeit immer zu einer Beziehung zwischen den Hunden. Sie leben miteinander, fressen beieinander und gehen miteinander spazieren. Auch beeinflussen sie sich gegenseitig und übernehmen hin und wieder Verhaltensweisen des anderen.

So kann es sein, dass der erste Hund in der Familie keinerlei Probleme mit Leinenbegegnungen hatte, der zweite jedoch schon. Und schon hat man zwei pöbelnde Vierbeiner an der Leine. Keine schöne Sache.

Doch wie geht man das Problem nun an?

Der Trainingsablauf wird derselbe sein wie bei einem Hund, jedoch wird vor allem am Anfang mehr Zeit benötigt, denn jeder Hund sollte einzeln mit Ihnen trainieren. Durchlaufen Sie das Trainingsprogramm mit jedem Ihrer Hunde einzeln, bis sich eine deutliche Verbesserung eingestellt hat.

Sind Sie an dem Punkt angelangt, an dem sich jeder Ihrer Hunde an lockerer Leine an anderen Hunden ohne große Aufregung vorbei bewegen kann, beginnt das Training mit allen Hunden.

Doch klären wir zuvor noch ein paar Fragen! ...

... Das Markersignal

Braucht jeder Hund sein eigenes Markersignal oder reicht eines für beide aus? Ist der Klicker sinnvoll oder soll ich eher ein Wort für beide Hunde verwenden?

Ich empfehle, beides aufzubauen – ein Markersignal, das für beide Hunde gilt, und eines für jeden Hund extra.

So verwende ich bei meinen beiden Hunden den Klicker als Markersignal, das für beide gilt. Möchte ich aber nur einem meiner Hunde das Feedback für erwünschtes Verhalten geben, hat jeder sein eigenes Markerwort.

So ist es mir möglich, ganz individuell in jeder Situation zu agieren.

... Das Entspannungssignal

Mit dem Entspannungssignal können Sie es sehr einfach halten – ein Entspannungssignal für alle Hunde. Auch wenn Sie das Entspannungssignal in dieser Situation nur für einen Hund bräuchten, schadet es dem anderen nicht, wenn er auch die Information zum Entspannen bekommt.

... Leinenführigkeit

Auch hier ist die Grundlage, um am Problemverhalten trainieren zu können eine solide Leinenführigkeit.

Überlegen Sie sich hierbei: Wo sollen Ihre Hunde laufen?
  Einen Hund links, den anderen Hund rechts oder beide Hunde auf der gleichen Seite.

Prinzipiell ist es egal wie Sie Ihre Hunde führen, für Sie muss es sich gut anfühlen und händelbar sein.

Führe ich alle Hunde auf einer Seite, habe ich immer noch eine Hand frei.
  Wichtig hierbei ist jedoch, dass sich alle Hunde gut verstehen und die Nähe des jeweils anderen tolerieren können.
  Gut ist, wenn Sie eine Hand frei haben und damit schnell Belohnungen hervorzaubern können.

Sollen die Hunde jeweils links und rechts von Ihnen laufen, sind Sie als Barriere zwischen den Hunden. Kommt es zu einer Begegnung, müssen Sie im Handling der Leinen geübt sein, damit Sie schnell an die Belohnung gelangen.

Zudem würde ich darauf achten, die Leinenlänge kurz zu halten. Hat man mehr als einen Hund an der Leine, ist sehr schnell viel Kraft im Spiel, wenn die Hunde in die Leine springen. Umso länger die Leine, desto mehr Hebelwirkung zeigt sich.

Ich empfehle außerdem, für jeden Hund eine separate Leine zu verwenden.

... Belohnung mehrerer Hunde

Die Belohnungen für mehrere Hunde sind immer von den jeweiligen Hunden abhängig. Natürlich ist es sinnvoll, auf die jeweiligen Motivationen der Hunde einzugehen, aber man muss auch darüber nachdenken, was für die Hunde untereinander machbar ist.
Habe ich beispielsweise einen Hund, der sehr ressourcenorientiert ist, ist es keine gute Idee, eine Handvoll Futter auf den Boden zu streuen.

Bewährt haben sich hier eine Futtertube, die ich den Hunden abwechselnd vor die Nase halten, oder größere Futterbrocken, die ich links und rechts von mir auf den Boden werfen kann.

... Alternativverhalten für mehrere Hunde

Die Alternativverhalten stellen oft eine kleine Hürde dar, da die Motivationen der Hunde meist unterschiedlich sind. So möchte der eine Hund gerne zum fremden Hund hin, der andere wiederum möchte Distanz suchen. Um Ihnen Ideen zu geben, wie Alternativverhalten bei mehreren Hunden aussehen können, hier einige Beispiele:

Alle Hunde werden in das deeskalierende Sitzen gebracht.

Jeder Hund darf einen Dummy oder ähnliches tragen.

Ein Hund darf einen Dummy tragen, der andere darf einen Bogen laufen.

Ein Hund darf die Seite wechseln, der andere darf den Handtouch ausführen.

... Notfallsituationen managen

Egal, wie gut man bereits im Training ist, man schlittert immer wieder in Situationen, die noch zu schwierig für unsere Hunde und uns sind. Doch dafür gibt es auch Pläne!

Kommt Ihnen aus dem Nichts ein anderer Hund entgegen, hilft Ihnen der Geschirrgriff. Haben Sie den Geschirrgriff sauber aufgebaut, werden sich Ihre Hunde bereits auf dessen Ankündigung zurücknehmen. So können Sie erste Impulse schnell stoppen und Ihre Hunde anschließend mit dem U-Turn auffordern, mit Ihnen in eine andere Richtung zu gehen.

Liegt jedoch ein Weg vor Ihnen, bei dem Sie weder zurückgehen noch ausweichen können, ist reines Management gefragt.

Sind Ihre Hunde durch Futter gut zu motivieren, können Sie jedem eine Handvoll Futter auf den Boden streuen oder direkt aus der Hand fressen lassen, bis der andere Hund vorbei ist.

Doch manchmal hilft alle Vorbereitung nichts und die Hunde toben los.

Bleiben Sie stehen, halten die Hunde fest und warten, bis sie wieder ansprechbar sind. Dann beginnen Sie erneut mit dem Training.

Im Überblick: Mehrhundehaushalt und Leinenaggression

Ein Marker für alle Hunde plus ein extra Marker für jeden einzelnen Hund

Ein Entspannungssignal

Solide Leinenführigkeit an kurzer Leine

Belohnungen an beide Hunde anpassen

Alternativverhalten an beide Hunde anpassen

STOLPERFALLEN - TRAININGSFEHLER

Auch beim Training über positive Verstärkung kann es leicht passieren, dass kleine Fehler unterlaufen und das Training dadurch nicht den gewünschten Erfolg hat.

Auf diese kleinen Stolperfallen möchte ich Sie hier hinweisen:

Die Distanz zum Auslöser wird zu schnell verringert!

Lassen Sie sich Zeit mit der Verringerung der Distanz zum Auslöser. Erst wenn Ihr Hund in acht von zehn Situationen ruhig auf den Auslöser reagieren kann, verringern Sie die Distanz.

Das Training wird nicht bei jedem vorbeikommenden Hund angewandt!

Markern Sie bei jedem Hund, den Sie auf Spaziergängen begegnen, nicht nur bei denen, bei denen Sie denken, dass Ihr Hund reagieren könnte.
Ihr Hund soll ein Prinzip lernen und allgemein etwas Positives mit anderen Hunden an der Leine verknüpfen.

Der Marker wird nur in auslösenden Situationen eingesetzt!

Verwenden Sie das Training mit Markersignalen in Ihrem Alltag auch für ganz alltägliche Dinge wie das Verstärken des Signals Sitz oder den Rückruf. Dadurch wird Ihr Hund den Marker allgemein mit Kooperation und positiver Stimmung verknüpfen.

Es wird nur in das unerwünschte Verhalten reingeklickt!

Das Reinklicken in ein unerwünschtes Verhalten ist eine gute Möglichkeit, um einen Fuß in die Tür zu bekommen. Es sollte jedoch so bald wie möglich dazu übergegangen werden, ruhiges Gucken zu verstärken und anschließend ein Alternativverhalten einzubinden.

Die Benennung des Auslösers wird zu früh eingeführt!

Benennen Sie den Auslöser erst, wenn Ihr Hund den Auslöser ca. 3 - 5 Sekunden ruhig und ohne große Aufregung ansehen kann. Ihr Hund verknüpft nicht nur den Auslöser mit dem neuen Signal, sondern auch die aktuelle emotionale Stimmung. Wird die Benennung zu früh eingeführt, verknüpft Ihr Hund das Signal mit dem Auslöser und mit Erregung.

Es wird kein Alternativverhalten eingeführt!

Bleiben Sie nicht auf der Stufe der Gegenkonditionierung stehen, sondern binden Sie ein Alternativverhalten ein. Dadurch machen Sie das Verhalten widerstandsfähiger gegen Rückfälle in das unerwünschte Verhalten.

FALLGESCHICHTEN

Barney, ein fünf Jahre alter Labrador-mix, wurde mit dem Problem Leinennaggression gegenüber Hunden in meiner Hundeschule vorgestellt. Im Freilauf verträgt sich der unkastrierte Rüde mit jedem Hund, doch an der Leine gebärdet er sich so stark, dass Frauchen ihn kaum mehr an der Leine halten konnte.

Frauchen hat bereits mehrere Hundeschulen zur Hilfe aufgesucht, doch es brachte keinen wirklichen Erfolg. Laut dem letzten Trainer sollte sie immer, wenn Barney angeleint ist und zu einem anderen Hund hin wollte oder bereits hinsprang, an der Leine rucken.

Als Barney und sein Frauchen das Training bei mir begannen, tauschten wir als Erstes das Halsband und die kurze Leine gegen ein Geschirr und eine Drei-Meter-Leine. Unser Schwerpunkt am Anfang lag lediglich darauf, die Situationen zu entschärfen. Wir bauten den Geschirrgriff intensiv auf und begannen mit der Gegenkonditionierung mittels Marker für Blick. Als Belohnung setzten wir entweder Spiel ein oder Barney durfte an der mit Hüttenkäse und Thunfisch gefüllten Futtertube lecken.

Außerdem versuchte Frauchen, die Begegnung auf engen Wegen zu vermeiden und wich in den Wald aus oder wechselte die Straßenseite.

Tobte Barney los, brach Frauchen das Verhalten mit Hilfe des Geschirrgriffs ab, ansonsten markierte Sie jedes ruhige Verhalten mit dem Klicker.

Nach einiger Zeit zeigte Barney andere Hunde an und wir begannen mit Zeigen und Benennen und führten ein Alternativverhalten ein. Hier nutzten wir seinen Spieltrieb und gaben ihm einen kleinen Spielzeugknoten zum Tragen. War er sehr aufgeregt, konnte er seine Erregung durch Beuteln an dem Knoten ablassen. Von Woche zu Woche wurde er ruhiger und wir konnten nun ein weiteres Alternativverhalten, das gleichzeitig eine Belohnung für ihn ist, einbauen. Er durfte nun ab und zu, wenn der fremde Hund vorbei war, nachschnuppern gehen.

Emma ist eine kleine Tibet-Terrier-Hündin, kastriert und zwei Jahre alt.

Emmas Frauchen ging mit ihr als Welpe in die Welpenspielstunde. Dort tummelten sich weit über zehn Welpen auf einem Haufen. Die junge Hündin war eine von den kleinsten Hunden dort und wurde oft von den größeren überrannt. Emma zeigte immer mehr Angstverhalten, doch die anderen Welpen haben während ihres Spiels miteinander die Körpersignale von Emma übersehen. Emmas Frauchen sollte ihr auf Anleitung des dortigen Trainers nicht helfen, denn „die Hunde machen das unter sich aus".

Irgendwann begann Emma sich zu wehren, sie knurrte und schnappte, sobald ein anderer Welpe ihr zu nahe kam.

Emma hatte gelernt, dass Aggression für sie DIE Lösungsstrategie war, um sich vor anderen Hunden zu schützen.

Im Freilauf ging die Hündin jedem Hund aus dem Weg, an der Leine bellte sie andere Hunde immer öfter an.

Bei Emma starteten wir das Training zuerst rein über Gegenkonditionierung mit Marker für Blick und belohnten sie mit kleinen Leckerlis, die entweder von Frauchen direkt kamen oder die sie am Boden suchen durfte. Außerdem gingen wir immer, wenn sie einen anderen Hund wahrgenommen hatte, nach dem Marker einen Bogen. Wir gaben ihr also Distanz (funktionaler Verstärker). Emma lernte sehr schnell. Nach einigen Trainingsstunden begann sie schon von selbst einen Bogen zu gehen, sobald ein anderer Hund auf sie zukam.

Benno, ein Border-Collie-Rüde, kastriert, sieben Jahre alt und vom Tierschutz übernommen, kam mit dem Thema Leinenaggression gegenüber Menschen in mein Training. Benno verbellte jeden Menschen, knurrte und zeigte die Zähne, sobald sich ihm jemand zuwandte. Sprach ihn eine Person freundlich an, wich er knurrend zurück. Zu Bennos Vorgeschichte wusste niemand etwas.

Bennos Herrchen versuchte ihm fremde Menschen schmackhaft zu machen, indem er diesen Futter gab, das sich Benno holen durfte. Doch Benno traute sich irgendwann nicht einmal mehr, das Futter zu nehmen und es dauerte immer länger, bis er sich beruhigen konnte.

Wir stellen als Erstes die Regel auf, dass Benno nur noch von Herrchen oder von einem der Familie angehö-

rigen Menschen Leckerlis bekommen sollte.

Nach Aufbau des Markers markierten wir jedes Verhalten von Benno, das nicht nach vorne gerichtet war. Außerdem wurde für Notfallsituationen der Geschirrgriff trainiert. Um Benno schneller wieder in einen etwas aufnahmefähigeren Zustand zu bekommen, verwendeten wir ein Entspannungssignal.

Auch hier begann das Training mit Marker für Blick bei jedem Menschen, den Benno erblickte. Als Alternativverhalten führten wir ein Sitzen hinter seinem Herrchen, den Seitenwechsel sowie den Handtouch ein.

Laika, eine vierjährige Vizsla-Hündin, wurde mit dem Thema Aggression gegenüber fremden Hunden bei mir vorgestellt. Sowohl im Freilauf als auch an der Leine reagierte die Hündin mit Aggression und schoss immer zielgerichtet wie im Pfeil nach vorne. Mehrmals entstand schon die Situation, in der Laika einen anderen Hund verletzte. An der Leine gebärdet sie sich wie wild und ist kaum zu beruhigen.

Zu Vorgeschichte: Laika wurde mit zwei Jahren von einem anderen Hund gebissen und hatte schwere Verletzungen.

Wir begannen bei Laika ebenfalls mit dem Aufbau des Geschirrgriffs, um sie in brenzligen Situation besser sichern zu können und nicht noch mehr Stress bei ihr aufzubauen.

Mit Hilfe des Entspannungssignals bekamen wir vor allem am Anfang einen Fuß in die Tür. Danach konnte Laika auch auf ihren Marker reagieren. Wir arbeiteten lange Zeit mit Zeigen und Benennen und konditionierten mit Futter und Spiel sowie mit Distanzgeben für ruhiges Verhalten gegen.

Außerdem durfte sie mit Hilfe eines Trainingsbegleithundes mehrmals die Übung „Fixierte Aufmerksamkeit" durchführen. Dies gab ihr im Allgemeinen mehr Sicherheit gegenüber Hundeverhalten und sie fing langsam bewusst an, ihre Körpersprache einzusetzen.

Wir markierten sowohl Knurren als auch Zähnezeigen, alles, solange es nicht direkt nach vorne in die Leine ging.

Bei Social Walks lernte sie, sich direkt in der Nähe von anderen Hunden zu entspannen. Mittlerweile kann Laika ihr Alternativverhalten „Leine tragen" selbstständig ausführen, wenn sie einen anderen Hund sieht.

Titus und Tobi, zwei mittelgroße Mischlinge, haben im Freilauf ein sehr gutes Sozialverhalten, doch an der Leine darf ihnen kein anderer Hund zu nahe kommen.

Das Frauchen von Titus und Tobi erzählte, dass die beiden sich gegenseitig hochschaukelten und sie deshalb nie Ruhe in die Situation bringen konnte.

Wir legten zu Beginn einen Marker für beide Hunde fest und bauten ein Entspannungssignal auf. Außerdem begannen wir das Training am Anfang mit beiden Hunden getrennt voneinander, sodass jeder für sich einmal die Erfahrungen machen konnte, dass nicht jeder Hund angebellt werden musste.

Als wir dann anfingen, mit beiden Hunden gleichzeitig zu trainieren, markerte Frauchen bei jedem Blickkontakt, egal von welchem ihrer Hunde er stammte, zu einem anderen Hund. Anschließend streute sie Futter auf dem Boden, das beide Hunde aufsammelten. Bei Titus und Tobi war das kein Problem, da beide untereinander kein Ressourcenproblem zeigten.

War der Weg zu eng oder konnten sie nicht mehr ausweichen, nutzten wir den U-Turn, um aus der Situation schnell herauszukommen.

Bei Titus speziell übten wir den Geschirrgriff intensiv, denn von ihm aus begann in den meisten Fällen das Gebelle an der Leine. Durch den Geschirrgriff konnte Frauchen ihn schon im Ansatz stoppen und die Erregung der beiden Hunde ging nicht so schnell nach oben.

Wir übten bei beiden Hunden ein sicheres Sitzen neben Frauchen auf der vom anderen Hund abgewandten Seite, ebenso wie den automatischen Seitenwechsel.

Beim Training mit Marker für Blick und Zeigen und Benennen kamen wir sehr schnell vorwärts und die Belohnung gab es nach einiger Zeit nicht mehr nur vom Boden, sondern auch in Form einer Futtertube, an der jeder Hund abwechselnd schlabbern durfte.

Bei Trainingsspaziergängen festigte Frauchen ihr Vorgehen, wenn Hunde in der Nähe waren.

DANKE!

An dieser Stelle möchte ich mich bei einigen Menschen bedanken, die mich auf diesen Weg gebracht und mich unterstützt haben:

Mein größter Dank gilt natürlich meiner Familie und meinem Partner, die mich immer ermutigt haben meinen Weg zu gehen, die an mich glauben und zu mir stehen. Danke dafür!

Ein weiterer großer Dank geht an Dr. Ute-Blaschke-Berthold, durch die ich das Training über positive Verstärkung erst vollends zu nutzen gelernt habe. Vielen Dank, liebe Ute!

Auch meinem mittlerweile europaweiten Trainernetzwerk möchte ich für die guten Kooperationen danken.

Ein weiterer großer Dank geht an Carolin Schmitt und Bettina Haas für den fachlichen Austausch. Für das Korrekturlesen danke ich Karin Reichel und Thomas Neubauer.

Zum Schluss möchte ich mich natürlich auch bei den vielen Mensch-Hund-Teams bedanken, die ich über die letzten Jahre begleiten und bei denen ich immer wieder Neues dazu lernen durfte.

Und zu guter Letzt:
Ohne meine Hunde wäre ich heute nicht dort, wo ich jetzt bin!
Vielen Dank an meine kleine Sheila, die mich auf diesen Weg geführt hat.
Und auch an Lenni, der ein großartiger Lehrmeister für mich ist.

ÜBER DIE AUTORIN

Sabrina Reichel ist behördlich zertifizierte Hundetrainerin und Hundeverhaltensberaterin sowie geprüfte CumCane-Hundetrainerin und betreibt in Oberfranken ihre Hundeschule VitaCanis.

Sie hat sich auf Alltagstraining und Problembewältigung für Familienhunde spezialisiert. Ihr Ziel sind alltagstaugliche Familienhunde, die zusammen mit ihrem Menschen ein harmonisches Team bilden. Ein großes Anliegen ist es ihr außerdem, verhaltensoriginellen Hunden und ihren Menschen wieder einen entspannten Alltag zu ermöglichen. Dazu gibt sie ihr Wissen in ihrer eigenen Hundeschule sowie als Referentin in Deutschland und Österreich auf Seminaren weiter.

SERVICETEIL

Weiterführende Adressen

VitaCanis – Alltagstraining und Problembewältigung für Mensch und Hund
Einzeltraining, Seminare und Trainingswochen in ganz Deutschland
www.vitacanis.net

Infos und Tipps über Hunde
blog.vitacanis.net

VitaCanis Assistenzhunde
www.vitacanis-assistenzhunde.de

Familie mit Hund
www.familiemithund.info

Buchtipps
Hunde belohnen – aber richtig! – Sabrina Reichel / GRIN Verlag / 2013

Das Ruheprotokoll – Bina Lunzer / 2013

Leinenführigkeit – Bina Lunzer / 2013

Hundeverstand – John Bradshaw / Kynos Verlag Dr. Dieter Fleig GmbH, Nerdlen/Daun / 2012

Wer denken will, muss fühlen – Elisabeth Beck / Kynos Verlag Dr. Dieter Fleig GmbH, Nerdlen/Daun / 2010

Calming Signals – Turid Rugaas / Animal Learn, Bernau / 2001

Stress bei Hunden – Martina Nagel / Animal Learn, Bernau / 2003

Empfehlenswerte Geschirre
Bina Lunzer Stop Pulling
http://shop.phebee.at/Spezialprodukte/Lunzer-Stop-Pulling-Geschirr::130.html

Annyx Geschirre
www.annyx.de

Quellenangaben

Trainingstechniken:

Click for Blick/Marker für Blick, Zeigen und Benennen – entwickelt von Kayce Cover, Synalia weiterentwickelt von Dr. Ute Blaschke-Berthold

Geschirrgriff – entwickelt von Dr. Ute Blaschke-Berthold

U-Turn – McConnell, P. B. & London, K. B. Feisty Fido (Dog's Best Friend, Ltd, 2003)

Bücher:

Parson, P, 2008
Click to Calm

Rugaas, T, 2001
Calming Signals

Schneider, Dorothee, 2005
Die Welt in seinem Kopf

Hense, Maria, 2010
Der hyperaktive Hund

Lunzer, Bina, 2013
Der Schlepplift im Hunde

Stewart, Grisha, 2012
Behaviour Adjustment Training

VORSTELLUNG DER MODELS

Sabrina mit Sheila und Lenni
(Australian Shepherd, Herdenschutzhundmix)

Anett, Billi und Caspar
(Mini-Australian-Shepherd)

Manfred und Samuel (Airedale Terrier)

Lisa, Oswald und Alma (Labradoodle)

Sabine und Caruso (Herdenschutzhundmix)

Nicole und Barni (Koojkerhoondie)

Heike und Hilde (Labradoodle)

Fordern Sie jetzt unseren Katalog mit rund 300 weiteren Hundebüchern an unter:

Kynos Verlag Dr. Dieter Fleig GmbH
Konrad-Zuse-Straße 3
54552 Nerdlen/Daun
Tel.: 06592-957389-0
bestellung@kynos-verlag.de

Oder besuchen Sie unseren Shop:

www.kynos-verlag.de